职场跃迁

从新人到精英的5项修炼

陈爱吾——编著

化学工业出版社
·北京·

内容简介

《职场跃迁：从新人到精英的5项修炼》通过大量职场案例，帮助读者提升职场情商，包括：快速去掉新人身份、从个体导向到团队导向的修炼、从情感导向到职业导向的修炼、从兴趣导向到责任导向的修炼、从思维导向到行为导向的修炼、从成长导向到绩效导向的修炼。希望新人能够早日适应职场。

本书适合初入职场或者即将毕业的新人、企业管理者等阅读，可作为中小企业管理者、人力资源从业者的工具书，也可作为新员工的培训手册。

图书在版编目（CIP）数据

职场跃迁：从新人到精英的5项修炼 / 陈爱吾编著. --北京：化学工业出版社，2021.10（2022.6 重印）

ISBN 978-7- 122-39672-3

Ⅰ.①职… Ⅱ.①陈… Ⅲ.①成功心理-通俗读物 Ⅳ.①B848.4-49

中国版本图书馆CIP数据核字（2021）第157068号

责任编辑：刘丹　　美术编辑：王晓宇
责任校对：王鹏飞　　装帧设计：北京壹图厚德网络科技有限公司

出版发行：化学工业出版社(北京市东城区青年湖南街13号 邮政编码100011)
印　　装：涿州市般润文化传播有限公司
710mm×1000mm　印张15　字数229千字　2022年6月北京第1版第2次印刷

购书咨询：010-64518888　　售后服务：010-64518899
网　　址：http://www.cip.com.cn
凡购买本书，如有缺损质量问题，本社销售中心负责调换。

定　　价：58.00元

大咖推荐

舒晓春 ｜ 中联重科环卫公司人力资源总监

从一个学校人到职场企业人的转变，是我们人生中的一次角色变化，职场的成长过程对职场新人来说也是非常重要的部分。这本书很好地诠释了从学校人到企业人的成长过程及心态、能力的转变，职场新人可以用来为自己指引方向。

潘浩 ｜ 中建五局团委书记

这本书抓住了现在年轻人从“学校人”转变为“职场人”的5个核心环节，内嵌的职场案例丰富，针对五大模块详细列出了五大转变方案，问题透彻、分析完整，告诉职场新人正确的成长方向，成熟的职业心态，以及能力的塑造，这是一本零距离学习职场经验的上乘之作。

裴彩斌 ｜ 二十三冶公司人力资源部长

作为初入职场的新员工，如何才能尽快融入组织或团体中呢？如何让自己变成一个专业的职场人士？如何更好地承担起自己的工作责任和义务？如何锻炼自己成熟的思维模式？如何为企业创造更高的绩效？如果你有这些需求，那么可以好好读一读这本书，实用性非常强。

贺鑫 ｜ 三一重工昆山公司人力资源总监

这是一本理论与案例相结合的书，书中通过大量经典情景案例展示，在阅读的过程中可以让读者更有代入感，能更深刻的吸收到职场的经验与教训，书中提炼出的五大转变，可以帮助新员工尽快度过职场适应期，真正实现华丽转变。

陈可克 ｜ 湖南投资副总经理

如果你跳槽多次依然找不到自己的职业定位，如果你想知道企业真正需要什么样的员工，如果你想知道在职场中什么人最受欢迎，如果你想让自己变得越来越优秀，如果你想为公司创造更多的财富和绩效，那么，这本书最适合你！

汪洪 ｜ 百舸水利专职书记

每个人都希望自己在事业上能闯出一番天地，用能力证明自己的价值，不为钱财苦恼，实现财务自由，所以一直在不断努力奋斗，再苦再累都咬牙坚持，我希望这本书能助力每位优秀并渴望成功的职场人士。

当代社会竞争日趋激烈，大学生找工作难，适应工作环境更是难上加难。既然步入了职场，就已经从一个学生转变成了一个社会人，原来的许多习惯都得改变。也许在学校的时候，喜欢睡懒觉，偶尔上课迟到，不会带来什么严重的后果，可是在职场上，每一次失误都可能给你带来非常严重的后果。

初入职场的大学生往往对职场生活期望过高或者认知有偏差，很多人只看到了职场人士光鲜的外表，却忽视了职场生活的无奈。他们从理想中的职场走入现实，突然感觉到两者之间的落差，一时间难免转换不过来。许多大学生抱着对职场生活的无限憧憬走上工作岗位，但是开始工作以后往往会发现“理想很丰满，现实很骨感”。

很多应届毕业生反映，自己也做了入职前的准备，可是进入企业后仍然感到力不从心。很多大学生由于不能适应工作环境而在激烈的竞争中被淘汰。

特别是近几年，职场和行业变化很大，随着年轻毕业生的“上市”，不论是职场主体的人，还是行业的性质，变化都比较大，特别是现在的年轻人跳槽相对频繁，往往难招难管，企业需要一本好的教材，对员工进行系统、全面的培训，以解决企业对人员的需求。

因此，本书基于对近百家企业招收的上万名应届毕业生的调查访谈和相关咨询培训服务，在大量一手资料和数据的基础上，提炼出从新人到职场精英的5项修炼，以帮助他们尽快度过职场适应期，真正实现华丽转变。

本书在策划和编写过程中，为了帮助读者实现五大跃迁，力求突出3条主线。

① 专业主线。本书对刚入职场的新人如何修炼职场能力进行了5个方面的详细阐述，涉及团队、职业、责任、行为、绩效等内容，逻辑严密，专业知识丰富，以帮助读者快速从职场新人转变为职场精英。

② 案例主线。本书通过对大量学校和职场实操性案例的精讲，更加形象、有针对性地介绍了如何成为一名合格的职场精英。书中案例丰富，讲解透彻，对读者进行了系统的强化训练，让读者充分体会案例效果。

③ 企业主线。本书详细介绍了大量上市企业或国企的经典案例，从团队、职业、责任、行为、绩效等方面入手，通过情景再现，让读者更有代入感，可以更好地理解如何成为一位优秀的职场精英。

本书由中南林业科技大学人力资源管理专业陈爱吾教授编写，感谢刘嫔等人在编写过程中提供的帮助。由于笔者学识所限，书中难免有疏漏之处，恳请广大读者批评、指正。

编著者

目录

第1章

初入职场：快速去掉新人身份

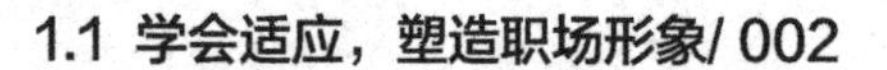

第 2 章

团队跃迁：从个体导向到团队导向的修炼

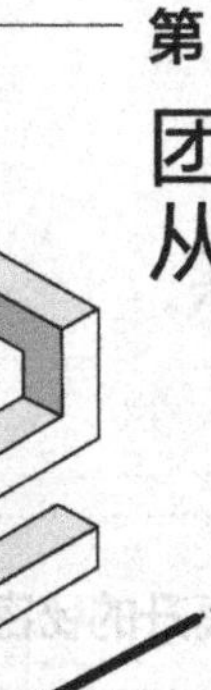

第 3 章

职业跃迁：从情感导向到职业导向的修炼

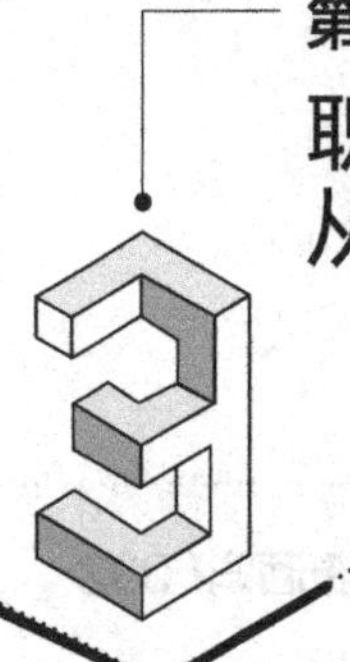

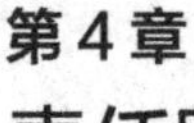

第 4 章

责任跃迁：从兴趣导向到责任导向的修炼

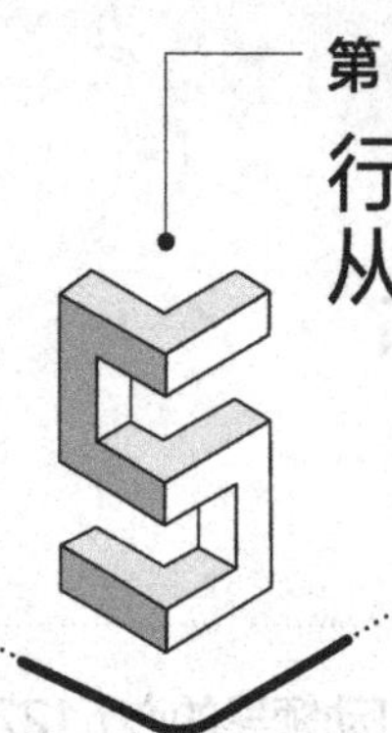

第 5 章
行为跃迁：从思维导向到行为导向的修炼

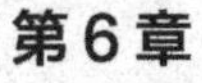

第6章

绩效跃迁：从成长导向到绩效导向的修炼

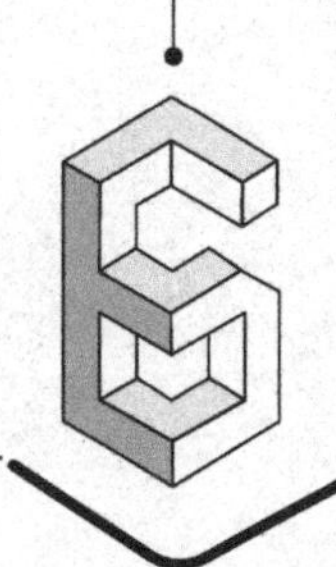

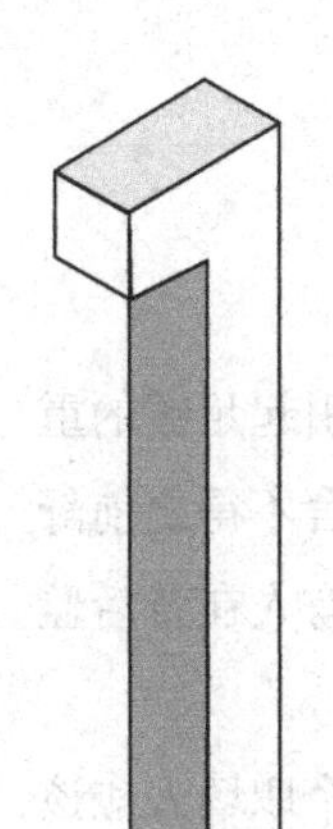

第1章

初入职场：快速去掉新人身份

从职场新人到职场精英，是人生中的一次角色变化。初入社会，能否适应职场环境，能否在企业中生存下来，对新人来说是一次非常严峻的考验。本章主要介绍从职场新人到白领精英的华丽转变，如何去掉新人身份，快速修炼成职场精英。

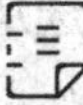

1.1
学会适应，塑造职场形象

学校和企业的区别非常大，许多年轻人并没有意识到，也没有引起足够的重视。有一些新员工毕业进入企业后，思想还停留在学校阶段，他们舍不得之前舒适的环境、没有压力的生活，遇到困难有老师、同学的帮助，总是有人在背后监督自己。脱离了这些，他们难以独立生活。

大家要从这样的环境中走出来，要调整好心态和观念，要有一个职场人应该有的态度，迅速将自己与企业联系起来，并融入企业。本节主要介绍适应企业环境、塑造职场形象的相关知识。

1.1.1 人生转折点，从学业生涯到职业生涯

学业生涯和职业生涯几乎是每个人必经的阶段。我们在学校中努力学习，为职业生涯打下良好的基础，可以使我们进入职业生涯后更加顺利。

学业生涯是指我们在学校学习阶段的生活，从幼儿园、小学、初中、高中到大学毕业，这一路都是学业生涯。其中大学生涯对我们一生的影响往往是最大的，因为大学通常是学校和社会的分水岭，如图1-1所示。

图1-1 从学业生涯到职业生涯

我们在大学里选择什么样的专业，毕业后往往首选从事与专业相关的工作，在大学里面学得好或不好，对我们找一份什么样的工作也有影响。在大学这个阶段，我们可以通过假期找一些实习的工作，早一些了解社会、接触社会，在社会

实践中建立正确的职业观、价值观、人生观、世界观，从而顺利地从学业生涯过渡到职业生涯。

职业生涯是指参加工作的阶段，从你的第一份工作到最后一份工作，包括就职、跳槽、升迁、退休等的整个职业发展历程。职业生涯往往占据了我们一生中最多的时间。因此，职业生涯也是我们人生中非常重要的阶段，可能直接影响我们的生活质量。

案例

小娟是一名大四学生，专业是计算机编程，正面临找工作的问题。最后一个学期，小娟一直在找工作，面试了很多家企业，都没有特别合适的。有些是因为自身的问题，没有相关的工作经验；有些是她觉得企业有问题，如工作环境不好、工作地点太远、公司给的薪酬太低、上升空间太小等。

在找工作的过程中，小娟碰了很多壁，受了不少打击，她觉得找工作实在太辛苦了，有些想回家了。这天，她打电话给家人诉苦，爸爸给了小娟很多鼓励，也希望她能看清自己。爸爸对小娟说："企业和学校是两个不同性质的地方，没有人会迁就你，你要学会独立生存，以谦卑的心态从企业基层开始做，打好基础，努力工作。只要能力提升了，领导就会给你升职加薪。"

小娟得到爸爸的鼓励后，重新调整了自己的心态。不久后，她找到了一份与专业相关的工作，从基层开始学习，努力工作。

案例解析

上述案例中，小娟一开始并没有意识到自己的问题，反而觉得企业有很多问题。她找工作的时候对企业太挑剔了，没有做好从"学校人"到"企业人"的角色转变。后来，经过爸爸的教导，小娟才重新调整心态，也因此很快找到了一份专业对口的工作。

实践练习

如何实现从学业生涯到职业生涯的成功转变？

在学业生涯中，我们可以凭借自己个人的努力完成学业，取得优异的成绩，拿到奖学金，这个过程往往不需要任何人的配合，我们只要做好自己就可以。而在企业中，我们并不能通过单打独斗取得优异的业绩，我们需要企业的力量、团队的力量，因此，我们要学会抱团生存。

要想从学业生涯成功过渡到职业生涯，我们需要具备一定的沟通能力，有几个沟通的层面需要我们掌握，下面以图解的形式进行分析，如图1-2所示。

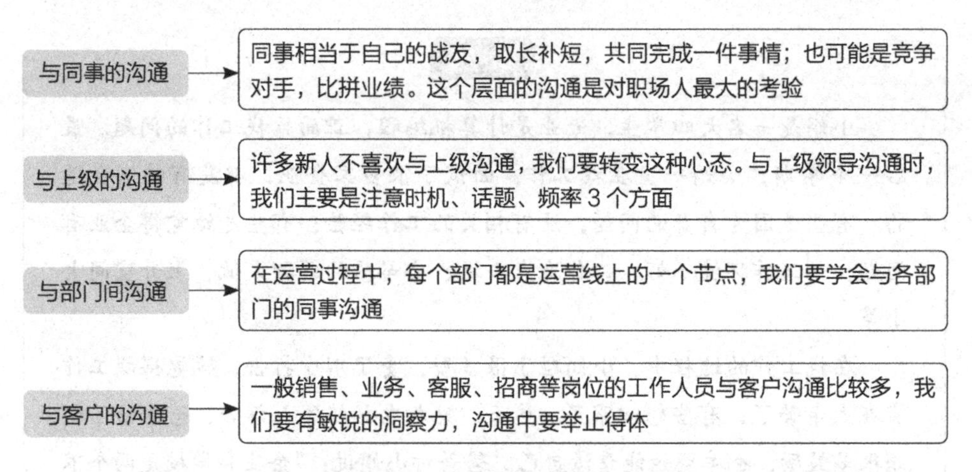

图1-2 职业生涯的沟通层面

我们要把学业生涯的优秀品质和习惯延续到职业生涯中，这不仅需要我们个人的努力，还需要企业环境的配合。良好的沟通能力可以帮助我们在职场中更好地发展。

小结

从学业生涯过渡到职业生涯，初入职场的我们不能眼高手低，职场需要脚踏实地工作的人。很多年轻人毕业后都想找一份既轻松、薪资又高的工作，这种想法谁都有，可是并不现实。没有天上掉馅饼的事，薪酬与个人的能力是对等的，我们只有不断努力，才能在职场越走越远。

1.1.2 学校人和企业人，有什么区别

在学校里面，我们是拿着书包、课本的学生；在职场中，我们是穿着工作服，拿着公文包的员工。在思想、行为、性质上，学校人和企业人有哪些区别呢？

下面以图解的形式进行分析，如图1-3所示。

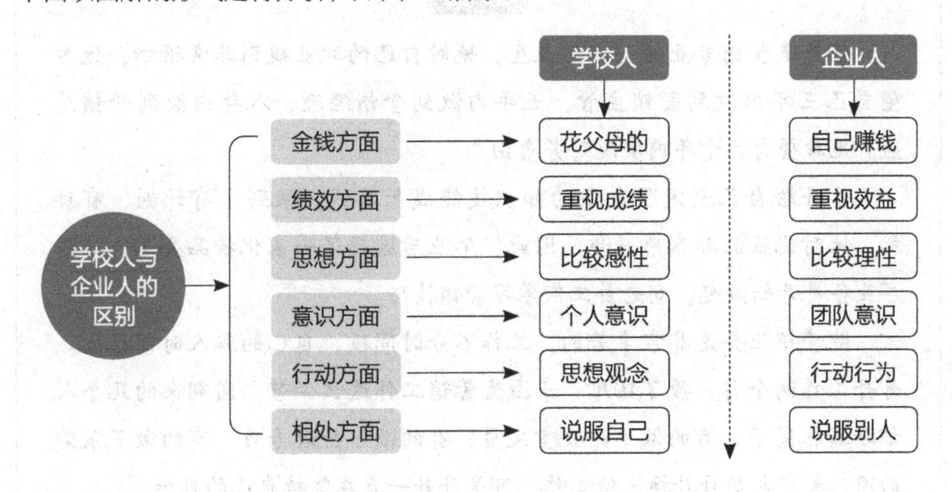

图1-3 学校人与企业人的区别

1.1.3 作为职场人，要对自己职业有规划

职业规划是指根据自己的兴趣爱好、擅长的技能来分析自己的性格、能力、特点，并结合专业技能，给自己未来的职业发展路线做出有效的计划和安排。

职业规划根据时间的不同，可以分为一年计划、三年计划、五年计划、十年计划，以此来实现自己的短期和长期目标。

如果对自己的性格、能力和兴趣等的认识是模糊的，可以问自己以下几个问题。

① 这一生，你想做成一些什么事？

② 这一辈子，你想成为一个什么样的人？

③ 工作中，你希望自己取得什么样的成就？

④ 你希望自己成为哪一个领域的佼佼者？

⑤ 你想过上什么样的生活？

⑥ 你希望将来自己的月收入能达到多少，固定资产有多少？

把这些问题仔细想明白、想清楚，你到底要什么、想做什么，一条一条写出来，并计划好，然后给自己定一个时间目标，什么时候要达到这些目标，这样大体的职业规划就制订出来了。

案例

丹丹是营销专业的一名毕业生，她对自己的职业规划非常清晰，她希望自己三年内做到营销主管，五年内做到营销经理，八年内做到营销总监。她希望自己十年内实现财务自由。

丹丹给自己制定了每年的知识技能成长路线，做到了有计划、有目标。她对化妆品非常感兴趣，因此，毕业后选择了一家化妆品公司，从基层业务员开始做起，向老员工们学习营销技巧。

做营销业务是非常辛苦的，工作不分时间段，自己的私人时间很少。丹丹工作两个月，瘦了10斤。正因为营销工作这么辛苦，同期来的几个人都渐渐转岗了，有的做了办公室文员，有的做了行政专员，有的做了采购助理，大家也劝丹丹换一份工作，可是丹丹一直在坚持自己的目标。

经过在公司两年的奋斗和努力，丹丹终于升职了，担任公司营销部主管。她的第一个职业目标提前一年实现了，薪资也上涨了很多，基本是同期入职人员工资的2～3倍。有一次聚会，大家都表示很羡慕丹丹，工作前景和薪酬都非常不错。

案例解析

丹丹与同期入职而后期转岗同事的区别在于，丹丹有非常明确的职业规划，而且她将自己的兴趣、专业、工作相结合，在学校里面学的知识也都用到了工作中。丹丹初入职场遇到困难的时候，依然坚持着自己的目标，不放弃，这种精神是值得大家学习的。不难想象，丹丹以后的职业前景也会越来越光明。

知识放送

职业规划对我们来说有什么意义？

个人职业规划应该要从5个方面来综合考量：个人愿景、优势特长、专业技能、成长经历、行业因素。

通过综合考量得出具体的结论。下面以图解的形式分析职业规划对我们的意义，如图1-4所示。

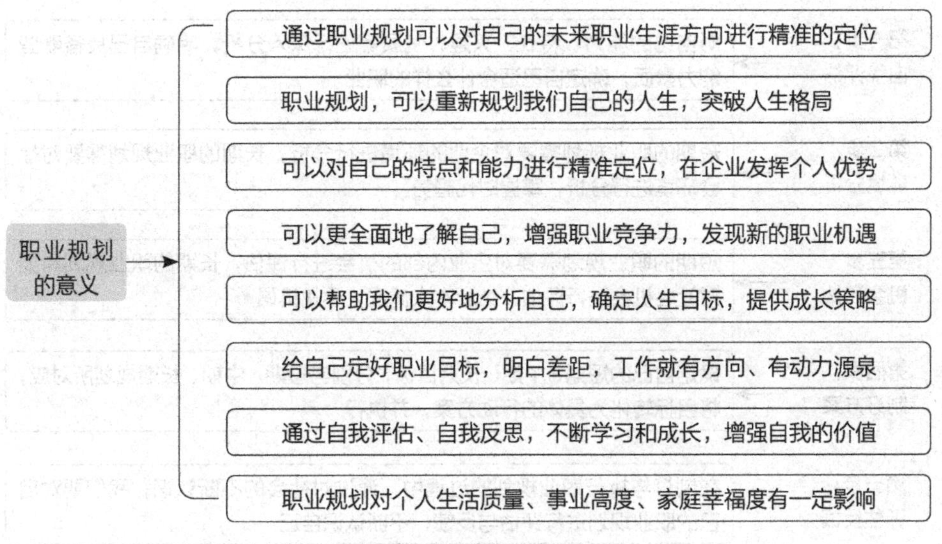

图1-4 职业规划的意义

个人的职业生涯规划应该遵循哪些原则呢？

我们在给自己制订职业规划时，应该遵循相关的原则，如图1-5所示。

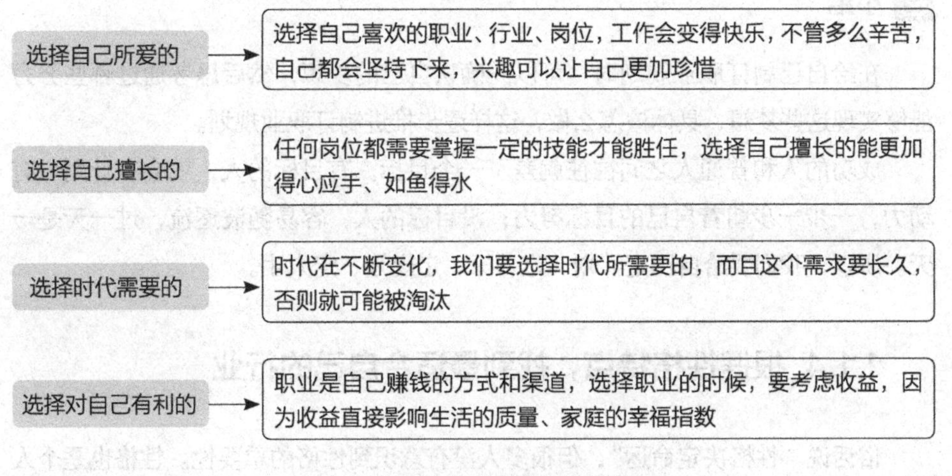

图1-5 制订职业规划时应该遵循的原则

实践练习

我们应该按什么步骤制订可行的职业规划？

制订职业规划时，可以按照以下5个步骤进行，如图1-6所示。

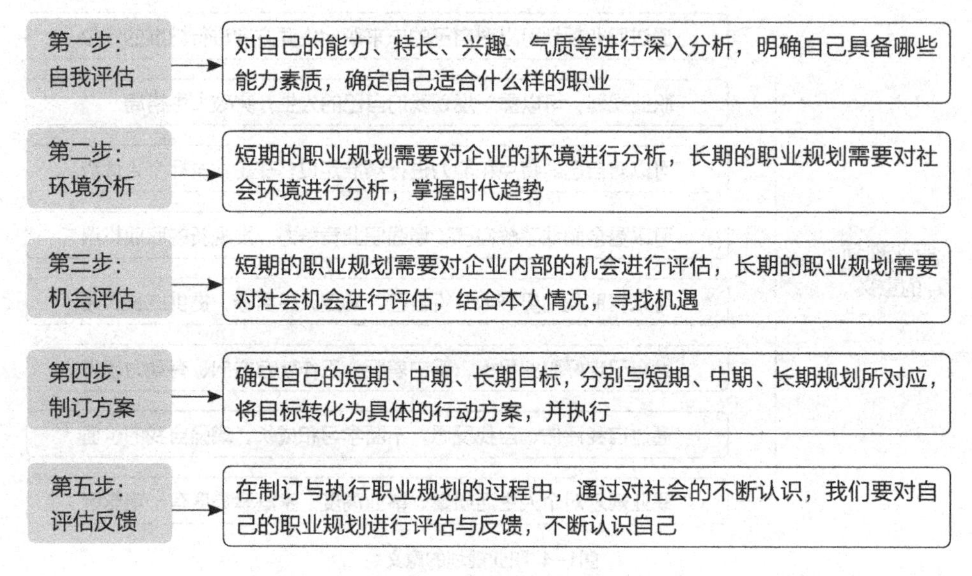

图1-6 五个步骤制订职业规划

小结

在给自己制订职业规划时，可以先确认自己的梦想，然后思考通过哪些努力能够实现这些梦想，具体该怎么做，这样逐步推进制订职业规划。

成功的人和普通人之间往往就差了一个目标。有目标的人，就会有计划、有动力，一步一步朝着自己的目标努力；没目标的人，容易随波逐流，过一天是一天。所以，我们要给自己定计划、定目标、定规划、定人生。

1.1.4 根据性格特点，找到最适合自己的行业

俗话说“性格决定命运”，但很多人没有意识到性格的重要性。性格也是个人稳定的内在气质以及行为特征。不同的人遇到同一件事，由于性格不同、气质不同，对事情所做出的反应也不同。一个合适的职业对我们一生的影响非常大，所以我们要根据自己的性格特点，选择适合自己的行业与岗位。

网上有许多性格测试的题目与方法，FPA（性格色彩）将人的性格分为红、蓝、黄、绿4种，如图1-7所示，可以帮助大家更好地认识自己。通过对“性格色彩密码”的解读，帮助大家洞察人性，初步了解身边的陌生人。网上也有很多性

格色彩的测试题目，大家可以测试自己的性格。

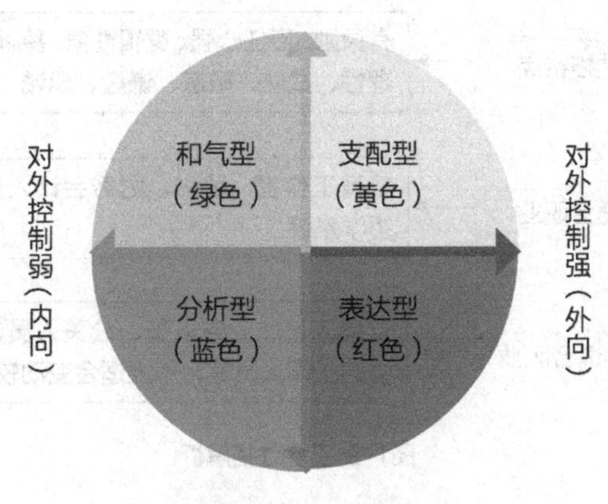

图1-7 FPA性格色彩分析

（1）红色性格适合什么样的工作？

红色代表一种比较鲜明的性格，他们活泼、可爱、喜欢表达，比较看重个人赞誉，希望得到别人的赞美。那么红色适合什么样的职业呢？下面以图解的形式对红色性格进行分析，如图1-8所示。

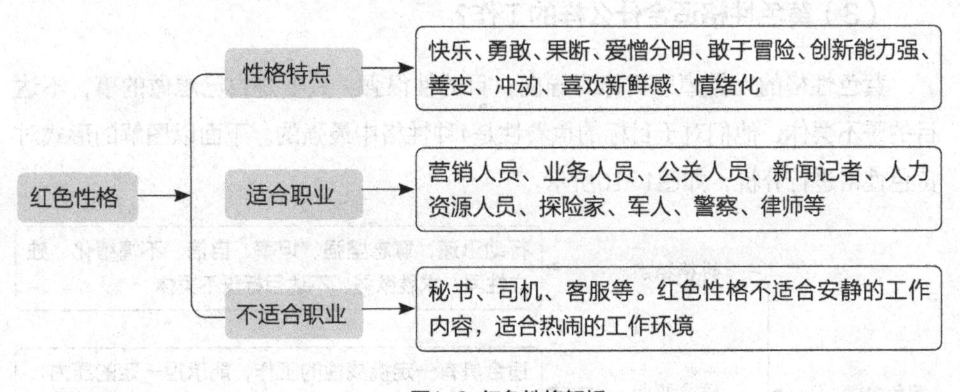

图1-8 红色性格解析

（2）蓝色性格适合什么样的工作？

蓝色性格的人比较注重时间观念，在职场中一般属于严格遵守规章制度的人，他们是非常细心的一类人，考虑问题比较周全，做事的逻辑性很强。蓝色性格适合稳定、安静的工作环境。下面以图解的形式对蓝色性格进行分析，如图1-9所示。

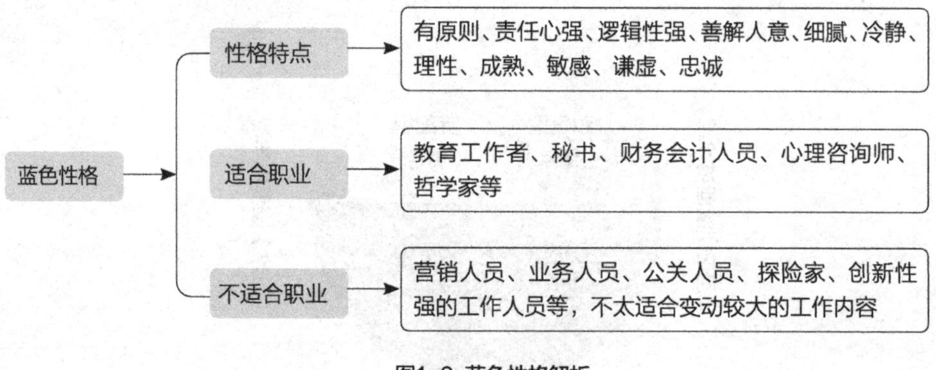

图1-9 蓝色性格解析

红色性格和蓝色性格是一种互补关系，红色性格的人创新能力很强，蓝色性格的人更加注重安全性。在职业的发展上，他们之间的区别可通过下面的举例来理解。

★ 红色性格的人发明了飞机，蓝色性格的人发明了降落伞；

★ 红色性格的人发明了游艇，蓝色性格的人发明了救生圈；

★ 红色性格的人发明了汽车，蓝色性格的人开办了维修厂。

（3）黄色性格适合什么样的工作?

黄色性格的人做事以目标为导向，目的性很强，只要是自己想做的事，不达目的誓不罢休，他们对于目标的执着性是4种性格中最强的。下面以图解的形式对黄色性格进行分析，如图1-10所示。

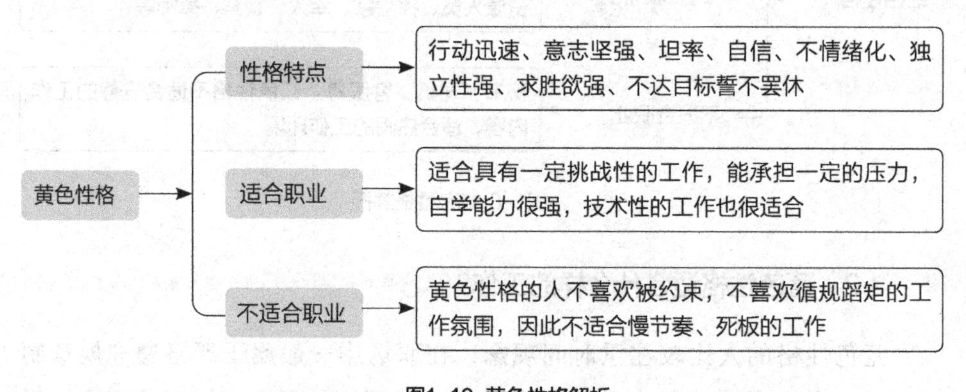

图1-10 黄色性格解析

（4）绿色性格适合什么样的工作?

绿色性格的人比较随和，和周围的人相处都比较愉快，非常注重人际关系，不太喜欢得罪人，他们追求一种安全、和气、稳定、低调的生活状态。下面以图解的形式对绿色性格进行分析，如图1-11所示。

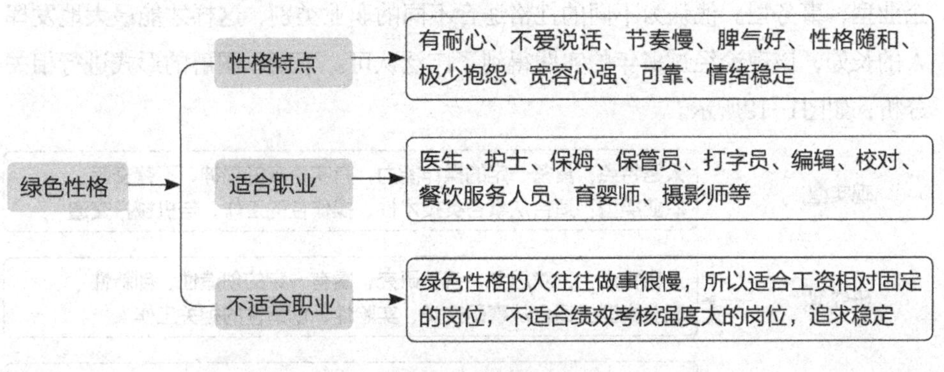

图1-11 绿色性格解析

案例

佳佳是典型绿色性格的人，毕业找工作的时候，由于方向不明确，什么类型的岗位都面试过，最后应聘上了保险公司的销售员。但由于不太爱说话，做事又比较慢，公司同事都不太喜欢和她打交道，出去跑业务的时候她也不知道如何与客户洽谈，才说两句话，脸就红了。三个月的考核期，佳佳一个订单都没拿下，最后被公司以试用不合格为由辞退了。

案例解析

佳佳如果了解自己的性格，就不应该选择销售类的岗位，这类岗位绩效考核强度比较大，需要很强的沟通、交流能力。而佳佳性格内向，又不爱说话，那么与客户洽谈就成了最大的问题。

像佳佳这种绿色性格的人，适合安全、稳定的工作岗位，比如打字员、文字校对员等，这类岗位可以突出佳佳的性格优势。

知识放送

根据人格特点，选择最适合自己的行业

上面介绍的知识点是以FPA的性格色彩分析为基础进行的相关讲解。心理学教授约翰·霍兰德将人的人格分为6种类型：现实型、研究型、艺术型、社会型、企业型、事务型。他认为不同的性格适合不同的职业类别，这样才能最大地发挥人的长处，该理论经过多年的实践得到了广泛认可。下面以图解的形式进行相关分析，如图1-12所示。

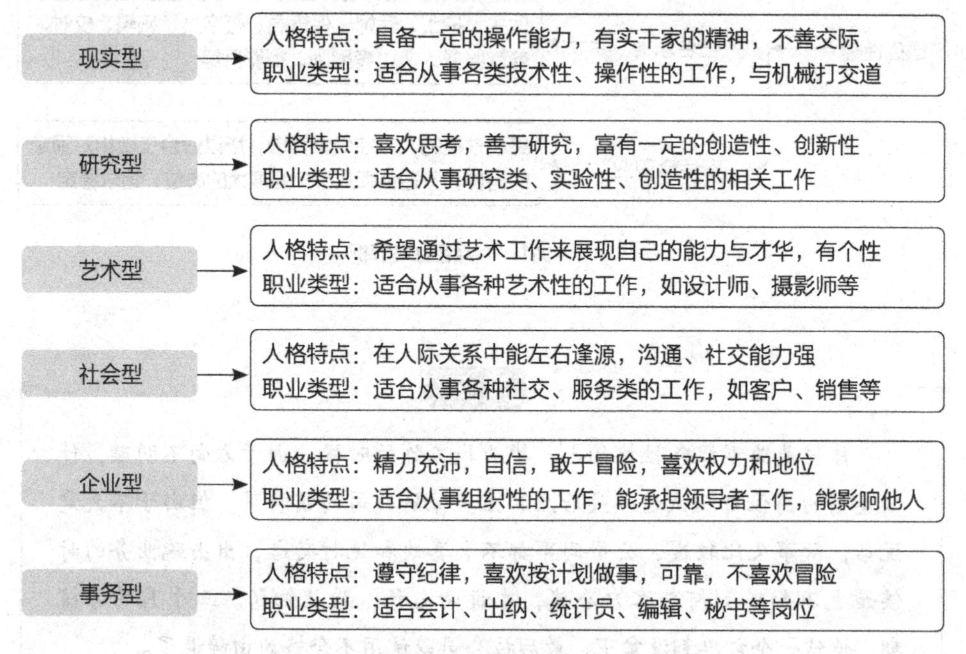

图1-12 6种人格的相关分析

小结

性格与我们的遗传因素、生活环境以及教育程度息息相关，这些环境与要素塑造了不同性格和气质的人。我们要了解自己的性格，这样才能选择最适合自己的职业，才能在自己的岗位上发挥所长，成就一番事业。

当然，我们在选择一份职业的时候，不仅要考虑自己的性格合不合适，还要考虑自己的气质、能力、兴趣是否与该职业相匹配，这些都是非常重要的因素，能帮助自己对职业做出最准确的判断。

1.2

深入分析，这些新员工的特点你有多少

90后已经成为职场的中坚力量，这群曾被认为张扬、叛逆的年轻人，带着人们的质疑走进职场，经过多年的积累，渐渐成了职场中的精英。

目前这群人会在职场中发生哪些有趣的事，他们又能给企业带来什么？他们有什么样的性格特征？是什么造就了他们这种性格特征和生活态度呢？

让我们带着这些问题，走进年轻员工的世界，近距离观察他们，了解这一代人的真实需求和性格特征，进行深入分析，看看这些年轻员工的特点，你有多少。

1.2.1 新员工的“五高五低”特征

近年来，00后新员工已经逐步进入职场，并逐渐成为职场的主力军。

我们知道，新员工有很多的典型特征，除此之外，他们身上还承载了很多其他人对他们的看法。

下面以图解的形式介绍新员工的“五高五低”特征，如图1-13所示。

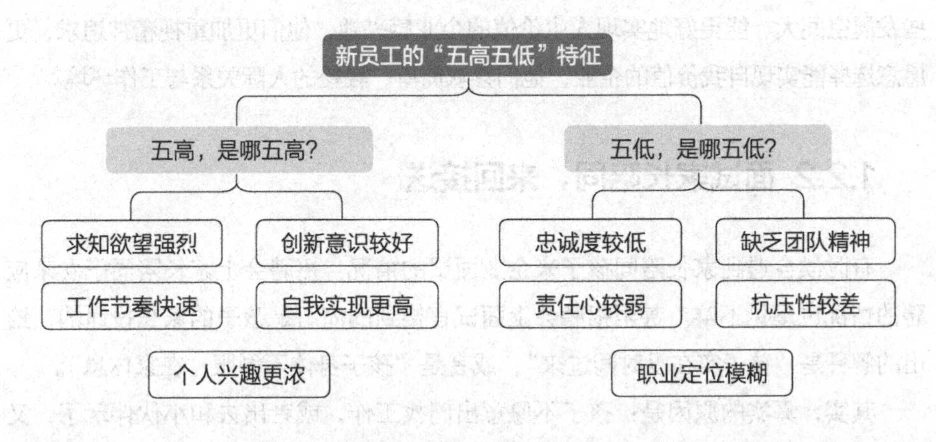

图1-13 新员工的“五高五低”特征

案例

小娟在一家广告设计公司上班，在公司与同事关系非常不错，但入职半年来，绩效成绩一般。她在产品设计和创新上能力很突出，但在完成工作任务时有拖沓的习惯。有时候客户急着要设计图纸，而小娟就是不愿意加班去完成任务，每天到点准时下班，从来不加班。她觉得工作是工作，生活是生活，我可以少拿点工资，但不能影响生活质量，这也是目前很多应届毕业生初入职场的现状。

小娟的这种工作态度，让老板很是头疼，好几次想给小娟提薪，想提升她为设计主管，但因为这种工作态度，她错失了良好的职业晋升机会。

案例解析

作为初入职场的员工，可以有自己的个性和生活方式，但同时我们也是企业的一名员工，要以企业整体利益为先。小娟要想在工作上有大成绩、大成果，就要比别人付出更多的时间和精力，成就是通过自己的努力拼来的。新员工要保留自己的优点，同时注重团队利益，这样才能使自己越来越优秀。

小结

据相关职场调查报告显示，现在越来越多的毕业生并不只是为了生存而找工作，而是为兴趣、为理想找工作。他们不再追求“铁饭碗”式的稳定工作，而对那些发展空间大、能更好地实现人生价值的企业感兴趣，他们更加重视精神追求，更愿意选择能实现自我价值的企业，他们喜欢简单、轻松的人际关系与工作环境。

1.2.2 面试家长陪同，来回接送

有时候会遇到家长陪同孩子来企业面试的情况，招聘会上家长陪同子女来应聘的情况也屡见不鲜。甚至招聘会上面试官接到的简历是孩子的家长投递的，给出的解释是“孩子实在没时间过来”，或者是“孩子身体不舒服，在家休息”。

其实，真实的原因是：孩子不愿意出门找工作，或者出去和小伙伴玩了，又或者他们还没有做好上班的思想准备等，而父母不想他们在家里浪费大好的青

春，就只好帮孩子找份工作。

面试官碰到这种情况，一般是收下简历，但很少会给机会，因为工作是自己的事情，连找工作都要父母代劳，这样的员工上班状态能好吗？

案例

小菊是家里的独生女，从小就受着爸爸、妈妈、爷爷、奶奶等长辈的疼爱，有些娇生惯养。今年小菊21岁，刚好本科毕业，应该要出来找工作了，但小菊一直在家待着，平常除了和朋友逛逛街，也不怎么出门，在家就玩网络游戏。

从6月份毕业到10月，小菊在家玩了4个月的游戏，还没有要出去找工作的意思。父母找小菊谈了几次，小菊虽然嘴上答应，但没有任何实际行动，父母觉得这样惯着小菊对她以后的人生会有影响，怕她日后无法独立生活。因此，小菊的父母决定拿着简历去人才市场给小菊找工作。

父母帮小菊找的工作中有几个基层的岗位，也通过了面试。但工作后每天下班回家，小菊就一堆的抱怨，说这也不好那也不好，每份工作都做不长久，工作一直不稳定。

案例解析

这就是典型的父母替孩子找工作的案例，找的工作并不是孩子喜欢的，可能也不适合孩子的性格，因此小菊每份工作都不长久。

小菊还没有真正成长起来，没有独立能力，什么都依靠父母帮助，缺乏责任心，这往往是初入职场的员工的普遍毛病。小菊首先应学会独立，学会自我成长，学会承担责任。

1.2.3 面试，想爽约就爽约

很多人力资源部经理都会遇到同一个问题，那就是频频被应聘者爽约，爽约的理由还千奇百怪，下面给大家一一罗列，如图1-14所示。

图1-14 面试爽约的理由

(1) 距离远

因为距离太远而拒绝面试，是很正常的，但是现在有的刚毕业的学生出来找工作，是在答应了面试之后，又以距离太远作为爽约的理由。

案例

一家公司的人力资源部经理在招聘新员工时，就遇到了这样“奇葩”的事。他在网上看到一个毕业生投的简历，觉得合适就给对方打了电话，询问过一些基本情况之后，知道对方住的地方离公司比较远，人事部经理便特意在电话里强调了路途遥远的问题，但对方坚定地表示没有关系，于是经理就把这次面试定了下来，并且通知了老板。

到了面试那天，经理提前打电话告知对方如何坐车。一个半小时后，对方打来了电话，说他已经下了公交车，询问接下来该怎么走，经理给他指明了路线，对方一听，突然来了一句：“不去了，太远，不认识路。”经理被这句话“雷”得半天说不出话来，明明只要步行10分钟就能到达目的地，而且不认识路问问周围的人就可以了，他竟然丢下一句“太远，不认识路”就掉头走人。

经理感到很不可思议，他说：“他都已经到附近了，而且老板特意抽出时间来准备这场面试，他都到门口了，说不来就不来了，实在无法理解这个年轻人的想法。”

（2）睡过头

爱睡懒觉是部分新员工的通病，他们往往没有压力、没有时间观念、没有计划性，常常是“睡到自然醒”。

案例

早上9点一刻，张经理准时走进自己的办公室，他开始收拾桌子，为即将到来的面试做准备。这次面试的对象是一名21岁的毕业生，虽然这名毕业生没有什么工作经验，但是专业符合公司的要求，因此，张经理对此次面试还是蛮期待的。

9点半，张经理蹙着眉头拿起电话联系对方，电话响了很久才被接起，一个模糊不清的声音从电话里传过来：“喂？”好像还没睡清醒的样子。张经理一愣，但他很快镇定下来，接着开门见山，直接就询问对方没有准时来参加公司面试的原因。

“对不起，我睡过头了。”对方很坦然地说，然后说了几句就匆匆把电话挂了。尽管工作了这么多年，张经理还是有些难以接受，他说：“工作这么多年，遭遇应聘者面试爽约，很正常，但是这位应聘者爽约的理由真是让人无奈、哭笑不得。”

（3）家里有事

“明明电话里答应得好好的，时间、地点也都交代清楚了，但是到面试时间点了，人影都看不到。”在一家私营企业里，人力资源部主管忍不住摇头，感慨地说，“现在有的毕业生太有个性了，面试不来也不打招呼，让人白等半天，一个电话过去询问，才知道家里有事不来了，问是什么事，结果憋半天，说是朋友过生日。”

（4）没工作打算

某家私企的王经理在网上看中了一个毕业生的简历，他打电话邀请对方来公司面试，对方答应了下来。可第二天，王经理没有等到对方，他打电话过去询问，对方竟然告诉他：“目前还没有工作打算。”

“既然没有工作打算，还在网上投简历干嘛？而且邀请他来参加面试的时候，就应该考虑清楚，如果没有这个打算，当时就应该说清楚，答应了又不来，实在是很耽误双方的时间。”王经理表示，这个月他经历的毕业生面试爽约不低于10起。

（5）没记住面试时间

“现在的毕业生，面试爽约的理由千奇百怪。”某公司的人力资源部经理王小姐表示，“我每个星期都会遇到面试爽约的人，上次有个女孩给我们公司投了简历，我邀请她星期三早上10点来公司参加面试，女孩在电话里答应得很爽快，结果她爽约了，然后我打电话向她询问爽约的理由，她说她忘记面试的时间了。”

“我后来也反思过，是不是在电话里没有表述清楚，从那之后，对于每个应聘者，我都会以短信的方式提醒他们面试的时间和地点，但是即使这样，这种情况还是会发生。”

（6）没理由

谈到应届毕业生面试爽约的问题，一家公司的人力资源部经理无奈地表示：“每次约定好了面试时间，10个里面就有三四个不来的。”

公司通常会有很多招聘的渠道，每到毕业季，采用最多的还是招聘会这种形式，学生们在递交简历的时候，通常表现得非常积极，但之后人力资源部门组织面试时，就会有一批人爽约，爽约的理由各种各样，部分人会直接在电话里说：“没理由。”

（7）其他

很多企业应该都遇到过被爽约的尴尬，部分新员工这种“无组织无制度”的表现往往让人事部门主管头疼不已。除了上面罗列的爽约理由外，还有一些让人哭笑不得的理由。譬如，路上遭遇小偷，身体不舒服等，甚至有的直接说要去其他公司面试。

小结

曾经，管理者的重心主要在如何有效地利用和合理地开发员工的潜能问题之上，如今，如何将富有个性的员工收纳旗下，并且让之归顺公司管制，成了管理者面临的新问题之一。

1.2.4 毕业生频繁跳槽，理由太多

现在的年轻员工也会逐渐成为职场的主体，社会飞速发展，代与代之间出现了相对明显的断裂痕迹，企业与员工之间的工作模式正逐渐演变为一种心灵契约。

在管理者眼中，年轻员工行事往往带有浓厚的情感色彩——不愿加班，为失恋辞职，不求高薪求快乐……辞职的理由也各种各样，这种行为给管理者留下了深刻印象，有人称之为“情绪劳动力”。

下面让我们来看看毕业生频繁跳槽的几种常见的离职现象。

（1）来一场说走就走的旅行

“人的一生至少要有两次冲动：一次奋不顾身的爱情，一场说走就走的旅行。”这是安迪·安德鲁斯《上得天堂，下得地狱》里的一句话。

这段话广为流传，大家应该在网上看到过或听别人说过这句话。作为“互联网一代”的员工，往往将这样充满感性的话语奉为至理名言，于是部分刚入社会不久的新员工有时说辞职就辞职。

案例

一家大型企业因为这个理由遭遇过被员工“炒鱿鱼”，坐在窗明几净的办公室，人力资源部主管不解地问对面的年轻人：“你为何要辞职？你做得还挺不错的啊。”

年轻人回答得十分诚恳，“我还年轻，我想要经历，想出去看看这个世界。”人力资源主管听了微微摇头，这不是第一个以这种理由辞职的新员工了，但他依然感到意外，意外这群年轻人做出这么草率的决定。

（2）公司伙食太差，不干了

除了因一场说走就走的旅行而辞职的感性员工，还有一批活在当下、对物质不满，于是把公司“辞退”了的员工。虽然新员工的离职理由多和离职率高已经是普遍现象，但有些离职的理由竟然是：公司伙食差。

案例

在一家大型医药企业，因与一所医科学校有合作关系，毕业生毕业之后可以进入公司实习培训，合格者就转为正式员工。原本近50个人的实习生，在几个月后，因为住宿条件、伙食方面的原因，很多人选择了辞职。

这家医药企业的人力资源部主管说道："工作了这么多年，第一次遇到这种状况，有好几个都是因为公司的伙食问题离职。但是在我看来，只因为伙食差就辞职，这理由未免太牵强了，如果真是因为这个原因，我想公司可能要考虑换个大厨了。"

（3）不要高薪，要干得高兴

很多应届毕业生找工作，都是以自己开心为主要条件，一份高薪的工作抵不上一个开心的工作心情。

深圳工作的小宗刚毕业不久，他的薪资却已经超越同龄人不少，不过工作不到半年，他就离职了，离职的理由是不喜欢那份工作，总是没有时间去玩。很多人都很羡慕他有一份高薪职业，但他表示："我只做自己喜欢的工作，就算月薪低一点也没关系！"

拥有这样想法的求职者不在少数，对企业而言，自然希望员工能够适应企业要求的工作强度，但是有的新员工却不这么想，他们更希望自己的工作能够和生活分开，工作之余，有更多自由的时间去陪家人和朋友。如果工作强度超过他们所能承受的范围，那么必定会引起他们的厌倦情绪，久而久之，就会产生离职的想法。

案例

小丽和小宗一样，她毕业后先是在一家奶茶店打工，做了不到3个月，由于"和老板发生争执"，第二天就直接离职了。

后来，小丽在一家服装公司工作，虽然其他方面都不错，但是工作压力大。某天睡醒，她就突然萌生了辞职的想法，然后就离开了公司。到了第三份工作，小丽还是没能坚持下去，只做了两个月就离职了。

一年内连换4份工作，很多人都不能理解，HR更是非常震惊。对此，小丽的观点是："工作不喜欢，有钱也没用。"

"有钱难买我高兴"，这是很多年轻员工共同的想法。

（4）辞职回家相亲

某家公司最近迎来了一波新员工的辞职潮，而辞职理由就像串通好的似的——回家相亲。公司人事部经理对此感到无奈："虽然年轻人也到了适婚年龄，但为了相亲把工作辞了，让人不能接受。"

（5）不考虑没有空调的公司

"没有空调的公司坚决不考虑。"一位刚毕业的女孩如是说，"工作环境要好，夏天、冬天一定要开空调，不开空调就不去上班。"

（6）上班坐车太久，太辛苦

一公司新招了一名应届毕业生，上班第二天，就没看到人来上班了，打电话过去询问，对方说："坐车太久，我不去了。"

小结

不同的时代孕育出不同的人，没有一种现象可以脱离时代背景，这一代新员工的这些"另类"的性格特征，以及多样的辞职理由，某种程度上也与时代发展相关。

因此，我们要学会透过现象看本质。近距离观察他们，了解这一代人的真实需求和性格特征，只有这样，管理者才能制定有效的管理措施，引导他们发挥出自身的力量和本事。

1.2.5 对工作经常觉得迷茫，没方向没目标

大部分人在大学选择专业的时候，可能是分数的原因，或者是家里帮忙选的专业，也可能是小时候对某个职业特别向往，在自己没有真正了解的情况下，选择了自己想象中的专业。

而当自己真正进入这个领域的时候，发现并不是自己想象的那样，也并不是自己喜欢的。这种情况，比比皆是。当他们大学毕业找工作的时候，没有社会经验，不知道自己能做什么工作或者能做好什么工作，此时，他们就会感到很迷茫，没有方向和目标。

由于这一代新员工的成长背景以及个性特点，当他们进入职场后，有些人因为不适应职场的环境，或者与上司发生冲突，也会对未来感到迷茫。他们觉得自己迷茫，往往就是他们准备离职的前兆。

1.2.6 多变的职业态度，什么都可以尝试

现在毕业生普遍出现的情况是：他们选择的专业是A，毕业出来的工作是B，跳槽之后的工作是C，他们比较在乎自己的喜好和感觉。

有些在乎钱的，只要是高薪的工作，就愿意尝试；

有些希望工作不要太累的，拿固定工资、比较轻松的职业，他们愿意尝试；

有些在乎兴趣爱好的，会以兴趣来选择工作，而与专业无关。

还有一些人，可能会随波逐流，人云亦云，别人说某种工作好，轻松又高薪，他就会按照别人所说的标准去尝试做某种工作。

案例

小田在一家采购公司工作，上班有一年了，每月薪资5000元，每天重复的工作内容让小田逐渐失去了工作的热情与动力。

这时，小田听说好友小张在北京上班，做的是房产销售，每月都有上万元的收入，而且工作时间很自由。这不禁让小田特别向往北京的工作，引发了小田离职的行为。

后来，小田去了北京，在朋友的介绍下也找了一份房产销售的工作，每月确实收入上万元。但除了生活开支，还有房租水电，偶尔还有朋友应酬聚会等，加起来消费也不低，每月余额所剩无几。小田在北京工作了半年后，最终还是决定回老家发展。

案例解析

一份工作稳定地干上几十年，那往往是父辈们的想法了，现在的年轻人更讲究个人喜好、爱面子、要个性，具有多变的职业态度，他们通常觉得什么都可以尝试，因为自己还年轻。

上述案例中的小田，本来对自己目前的工作状态就不太满意，再听到朋友的

话，就很容易产生离职的想法。凡事都不要冲动，应该静下心来想一想，深入分析利弊，然后再做决定，这才最正确的。

1.2.7 通常不太喜欢循规蹈矩的工作方式

现在的年轻人大多不喜欢被管束，在家的时候不喜欢被父母管，有一些管得比较严厉的父母可能还会遭到孩子的反抗；上班后，不喜欢被领导管，嫌领导要求多。

他们的创新意识强，厌倦束缚，并且崇尚自由，善于接受新鲜事物，因此往往不喜欢循规蹈矩的工作方式，也不喜欢按部就班地完成工作任务。

相关调查显示，有80%左右的应届毕业生认为，在工作中领导只要交代好工作任务就行，至于员工如何去完成，过程和方法由员工自己决定。现在的应届毕业生都比较倾向于这样的工作方式，他们思想独立，渴望得到他人的重视和尊重。

1.2.8 忠实于自己的生活方式，而不是自己的工作

应届毕业生初入职场，对自己的生活和工作时间分得很清楚，工作的时候他们会认真投入，而到了下班的时间，就不想再谈任何工作的事情。这一点也是他们的特点，他们通常认为工作就是工作，生活就是生活，不能因为工作而影响生活的方式和生活的质量，否则这份工作就是不符合自己要求的。

案例

小云每天下班都喜欢和朋友出去聚会、逛街，她觉得这样的生活方式才是让人快乐的，她也是通过这样的方式来缓减工作的压力。

随着公司逐步发展壮大，安排给小云的工作任务越来越多，有时工作在正常的工作时间内没办法完成，这时就需要加班完成，有时候晚上11点才下班。

虽然小云的工资上涨了不少，但小云觉得这样的工作方式，她适应不了，也不喜欢。她习惯了每天正常下班的生活方式，最终小云选择了离职。

案例解析

现代人的生活水平普遍比上一辈提高了很多，不会再因为没有工作而挨饿。随着就业岗位越来越多，只要自己要求不高，现在找份工作相对比较容易，所以工作并不是这一辈年轻人的重点，他们更加注重自己的生活方式。

1.2.9 心理承受能力较差，缺乏吃苦精神

一路从顺境中走过来的年轻员工，其心理承受能力相对较差，在工作中极容易因为这样或那样的事情产生消极情绪。他们正视问题、迎战困难的勇气可能也低于前几代人。

案例

谈到工作，小宇这样跟面试官说："我可以接受挑战，但是不能太苦太累。"招聘经理感到十分诧异，问道："如果有一份高薪的工作摆在你面前，但是必须要能吃苦，你也会因为这个理由拒绝吗?"

小宇抓了抓头，想了想点点头道："是的，太苦太累的工作很容易把身体搞垮，我觉得那样的工作并不适合我，就算赚了很多钱，但是要以健康作为代价，我觉得并不好，所以我不愿意。"

案例解析

不能接受太苦太累的工作，是很多应届毕业生的求职想法。他们大多数是在小康家庭里长大，没有太大的生活压力，在这样的家庭环境中长大的求职者，通常更注重自我内心的感受。

1.3 你要知道，企业需要什么样的人

这是一个人才竞争的时代，人才是企业的核心资源，企业竞争实质上是人才的竞争。我们要知道企业需要什么样的人才，努力改造自己，使自己成为企业的核心资源。

企业根据实际运营情况招聘员工，那种愿意为企业付出、奉献的员工是最受企业欢迎的，也正是企业需要的人才。

而那些遇到困难就逃避、喜欢抱怨的员工，在企业中很难有大的发展。本节从6个方面告诉大家企业最需要什么样的人才，如图1-15所示。

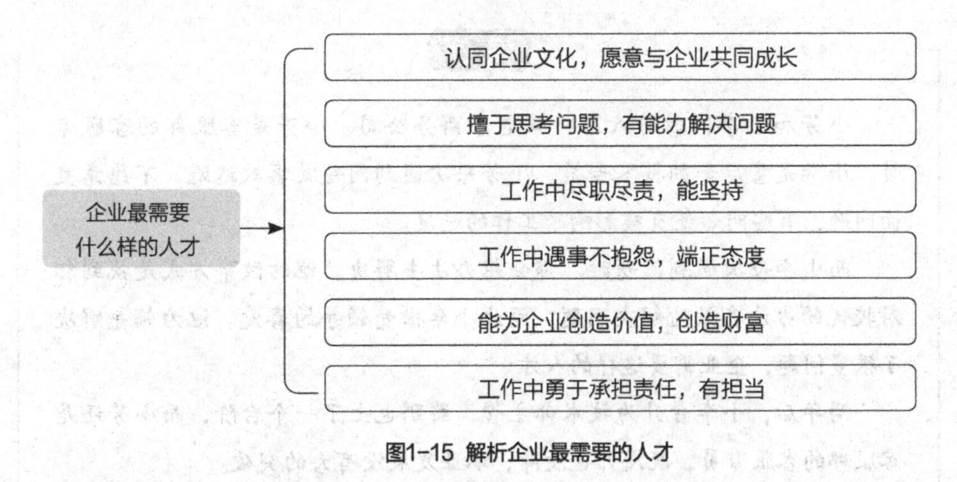

图1-15 解析企业最需要的人才

1.3.1 认同企业文化，愿意与企业共同成长

企业文化是一种组织文化，是一种无形的文化形象，它是由价值观、信念、仪式、符号、办事风格等要素形成的特有的文化形象，是企业在日常运行中所表现出来的各个方面。企业文化是一个企业的灵魂，是推动企业发展的动力源泉，其核心是企业的精神与价值观。

每一个企业，都有自己独特的企业文化。作为企业的一员，我们首先要认同企业文化，这样才能与企业同舟共济、共同成长。只有认同了企业文化，员工对

企业才有归属感。

作为企业的新员工，在入职后，企业人力资源部通常都会统一时间对新员工进行入职培训，其中有一项就是企业的发展历程，其核心是介绍企业文化的形成过程，让新员工了解企业文化，并认同企业文化，与企业共同努力，成就共同的美好未来。

1.3.2 擅于思考问题，有能力解决问题

企业在发展过程中会遇到各种各样的问题，我们要养成擅于思考的习惯，尽量想出最佳解决方案，这样才有能力去解决问题。

企业招聘员工是希望员工能为企业解决相关问题，即你能为公司做什么，你的能力决定了你的薪酬以及在企业中的地位。

案 例

小芳和小李同时进入了一家电子商务公司，小芳是客服部的客服专员，小李是售后部的技术专员。小芳每次遇到问题就喜欢逃避，不愿意直面问题，有些问题还直接影响了工作的进度。

而小李每次遇到问题时，都会想办法去解决。他的做事方式是找到相对较优的办法有效地解决问题，因此小李很受领导的喜爱。他为领导解决了很多问题，企业需要这样的人才。

两年后，小李晋升为技术部主管，薪酬也上了一个台阶，而小芳还是客服部的客服专员，既没升也没降，职业发展没有大的突破。

案例解析

通过上述案例我们了解到，小李在工作中勤于思考，擅于解决问题，很受领导喜爱，升职加薪也很快，前途一片光明。而小芳不愿意解决问题，也没有解决问题的能力，有时候还会给企业制造问题，这样的人在企业中不会有大的成长和突破。所以，我们要学习小李积极解决问题的态度。

实践练习

我们应该如何提高自己分析并解决问题的能力?

有些人天生好奇心就强，遇到任何不对的事情都喜欢琢磨、思考，而有些人就没有这些特质，但我们可以通过后天的努力，去提高自己分析和解决问题的能力。可以从以下几方面入手，如图1-16所示。

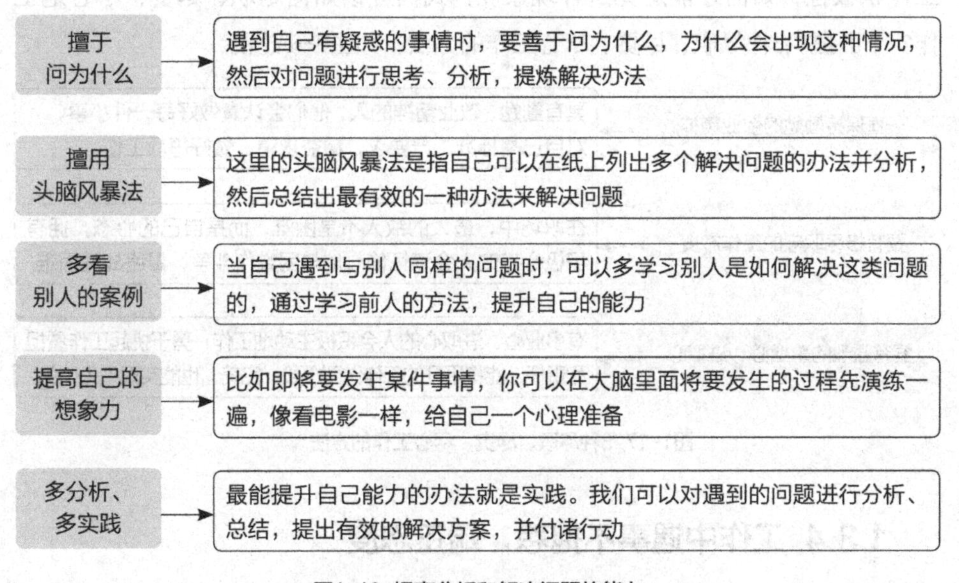

图1-16 提高分析和解决问题的能力

小结

在工作中，我们要养成勤于思考问题的习惯，带着思考去工作，培养自己解决问题的能力。当企业遇到各种各样的问题时，我们要积极主动地思考解决问题的办法，为企业提出合理化的建议，让企业觉得我们是有用之才。这对企业和我们个人的发展都有非常积极的意义，企业也需要这样的人才。

1.3.3 工作中尽职尽责，能坚持

如今频繁跳槽非常常见，而企业需要的是在工作中能尽职、尽责、尽心的人，当工作中遇到问题和困难的时候，能坚持不轻易放弃，这样的员工在企业中

会有很大的发展前景。尽职、尽责、尽心地工作是提升自我能力和自我价值的前提，同时也是做好本职工作的有力保证。

实践练习

我们应该如何尽职、尽责、尽心地工作，遇到困难时坚持不放弃？

每天重复、枯燥的工作内容，会逐渐消磨我们的工作激情，也会影响我们的工作积极性，如何才能避免这种现象呢？我们应该如何尽职、尽责、尽心地工作？下面提供3种尽职、尽责、尽心工作的方法，如图1-17所示。

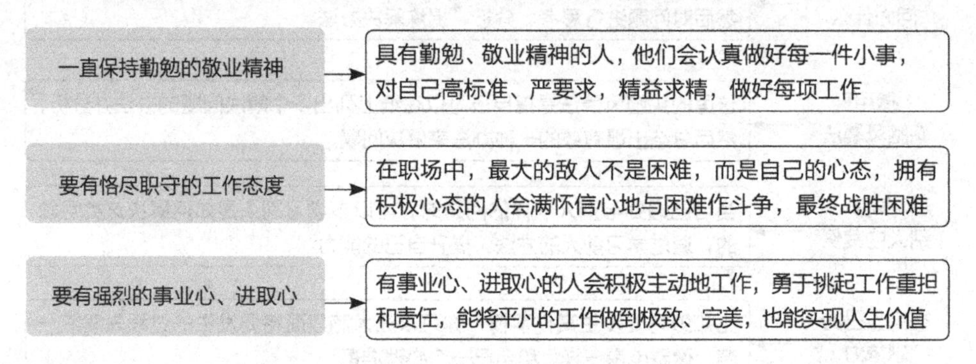

图1-17 3种尽职、尽责、尽心工作的方法

1.3.4 工作中遇事不抱怨，端正态度

在职场中，遇事爱抱怨的人往往负能量很多，也容易影响周围的人，给周围的人带来不好的情绪，这样的人既不受同事喜爱，也不受领导欢迎。

所以，我们在工作中要端正工作态度，遇事不抱怨、不埋怨，遇到困难积极想办法解决，多给自己正能量。

1.3.5 能为企业创造价值，创造财富

最能直接体现人才价值的，就是他为企业创造的利润。利润越高，他在企业中的价值就越大。利润是企业得以长期生存和发展的保障，企业最需要能为自己创造价值、创造财富的员工。

判断你是否能成为企业的核心员工，利润是一项硬性的考核指标。企业一般以营利为目的，如果你不能为企业创造价值，则很快会被企业淘汰。

一般具有销售性质的企业，销售部是企业的核心部门，因为这个部门能为企业创造大量的价值和财富，所以老板非常重视该部门的业绩表现，业绩突出的员工也更容易得到老板的珍惜和赏识。

实践练习

作为新员工，如何给企业创造价值？

你在公司的地位和薪酬水平，取决于你能为公司创造多少财富和价值，你能给公司带来多少收益。那么，作为刚入新公司的我们，如何能给企业创造价值呢？下面以图解的形式进行分析，如图1-18所示。

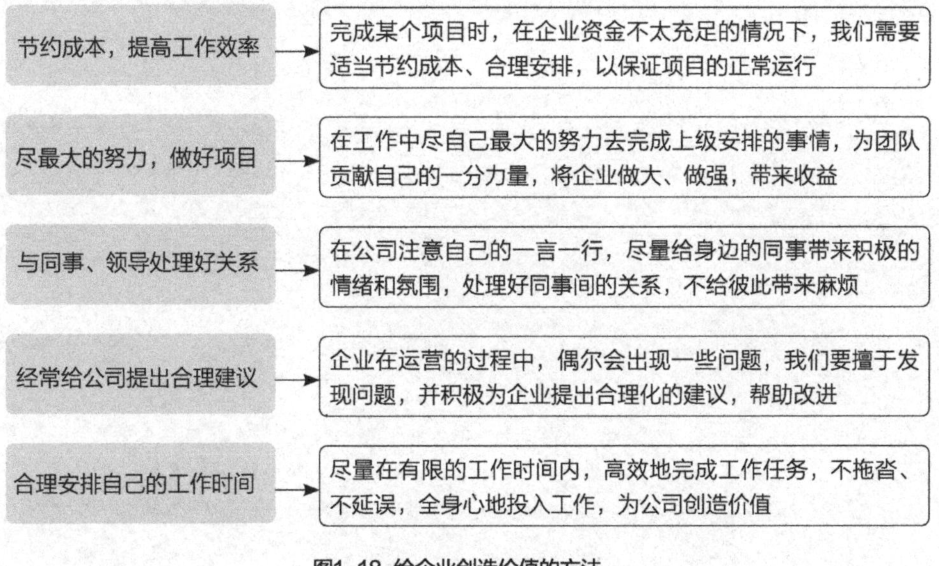

图1-18 给企业创造价值的方法

1.3.6 工作中勇于承担责任，有担当

责任是我们行为习惯中的一种意识，在企业中，通常承担的责任越大，能力就越大，为企业创造的价值也就越大。

每个岗位都有相应的工作任务与应该承担的责任，企业需要有责任心、有担当的员工。这样的员工工作非常认真，他们不是为了工作而工作，而是为自己的事业尽心努力。

一个人责任心的强弱取决于他的工作态度，工作态度越好，责任心就越强，责任心直接影响执行力，工作绩效也会越高。敬业源于责任。

第 2 章

团队跃迁：从个体导向到团队导向的修炼

个体导向是指学生时代的我们主要讲个人价值的实现、个人的成功；而团队导向是指企业人讲集体的成功、团队的价值。只有集体成功了，才有个人的成功。套用一句企业文化语，即：让我们集体成就一番单靠一个人无法成就的事业。本章主要介绍团队修炼的技巧。

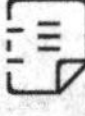

2.1
进入职场，“独行侠”还能依旧潇洒吗

“独行侠”在我们的生活中并不少见，他们喜欢独来独往，不善与人交际，不习惯与他人合作，无法融入团队。

当今大学生的自我意识较强，很多人从小就喜欢独来独往，有时争强好胜，不善与人相处和沟通。象牙塔般的校园生活确实逍遥自在，但一旦进入企业，“独行侠”的麻烦也就随之而来。

那么，在个体与团队导向上，学校人与企业人的特点分别是什么呢？下面是简单介绍，如图2-1所示。

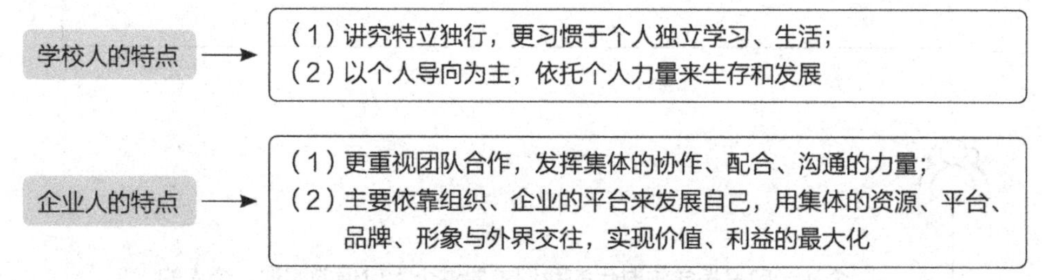

图2-1 学校人与企业人的特点

进入企业不可能单打独斗，如果想在职场获得成功就要尽快融入企业，在团队里找到适合自己的角色。

案 例

小芳是一名“211”大学的学生，享受着高等学府的资源，平淡的学习生活中也有许多自己的小故事、小开心。但令她苦恼的是，没有能与她分享快乐的人，身边也没有可以说话的朋友，她感到十分孤独。

小芳所在的宿舍，大家平日聊的都是一些八卦，而低调的小芳从来不跟着室友一起起哄。在八卦别人的事情上，小芳内心深处有一种孤独而不愿意同流合污的清高自傲。

小芳和大家的交流越来越少，大家觉得她不合群，最终小芳变成了“独行侠”。

案例解析

在一项大学生校园人际关系现状的调研中，31%的同学认为大学同学的关系没有中学时融洽；有22%的同学觉得自己离开了熟悉的环境后，心理上会有一种不自然和不顺心的感觉。上海某大学生活园区学生宿舍自我管理委员会对233名大学生做了现状调查，结果表明有62%的大学生曾经与同寝室的室友发生过矛盾与不愉快的事情。

这说明，对于大学生而言，与他人相处不和谐是一个较为普遍的现象，这种情况带来的影响也许在学生时代并不突出，并没有引起大家足够的关注。

但是，一旦踏入职场，“如何与他人相处，如何融入团队”便成了许多职场新人头疼的问题。在学校的时候，你作为学生，只是一个单纯的个体，主要把书读好就可以，别人有没有学好，与你关系不大。

当你走进社会、走进企业之后，便不再是一个单纯的个体，而是一个企业人、一个团队人。如果你以后成家了，你还是一个家庭人。

如果我们希望自己的事业有所成就，靠一个人单打独斗是不行的，一定要学会与他人合作，合作的结果会1+1>2。这是因为人不是静止的事物，人与人之间相互合作时会产生一种神奇的能量，从而实现事半功倍的效果——团队的力量是伟大的。

2.1.1 团队精神是企业的核心竞争力

“核心竞争力”一词最初产生于1990年，是由管理专家普拉哈拉德和哈梅尔提出的，它的含义是“能够超越其他竞争对手的独特能力”。

在现阶段日趋激烈的市场竞争中，有的企业只是昙花一现，迅速逝去；有的企业由盛转衰，在市场的浪潮中苦苦挣扎；而有的企业则日益壮大、生机勃勃。为什么呢？企业能日益壮大的主要原因在于建立了持久的核心竞争力。

现在很多企业都在说要建立核心竞争力，可究竟什么是企业的核心竞争力？有人说是核心技术，有人说是人才，有人说是创新，有人说是品牌，有人说是管理，还有人说是服务……众说纷纭，莫衷一是。

北京大学光华管理学院张维迎教授认为，企业的核心竞争力有五大特征：偷不去、买不来、拆不开、带不走、流不掉。

依据这五大特征来衡量的话，我们不难看出：技术可以买到，人才可以收购，品牌可以创造，管理可以学习，服务可以模仿，知识产权可以申请，有人才就可以创新，所以这些都算不上真正的企业核心竞争力。商场如战场，有时候甚至一家企业的人才、技术都可以被别人一起买走。

案例

亨利是一名优秀的营销员，他所在的部门曾经因为团队配合十分默契，每一个成员的业绩都遥遥领先于其他部门的同事。可是不久后，这种和谐又融洽的团队协作关系被亨利破坏了。

有一次，公司总经理把一项比较重要的业务安排给了亨利所在部门的部门经理，但这位部门经理过了一周还没拿出可行的方案。亨利为了向上级展示自己的能力，没有与部门经理交换意见，更没有向经理提供自己的方案，而是越过他，直接找总经理说自己愿意接下这个业务，并承诺一定做好，还给出了实质性的工作方案。

亨利的这种做法严重伤害了部门经理的感情和自尊，破坏了团队协作的“游戏”规则。后来，总经理安排他与部门经理一起完成这项业务，由于两个人关系不和，严重影响了团队合作，最终业务也没有做出理想的效果。

案例解析

在上述案例中，当亨利有了一套可行方案时，没有及时上报部门经理，而是越权汇报，这种行为已经伤害和破坏了部门团队的感情。

正确的做法是：亨利应该及时与自己的部门经理沟通、商议方案的可行性。因为他们是一个团队，大家的最终目标是一致的。如果亨利之前与部门经理沟通了，将方案一起报给总经理，然后亨利与自己的部门经理一同完成这个项目，在情感上部门经理会更加感激亨利，在工作上也会更加照顾亨利。

如此一来，利人利己，即不会伤害部门人员的感情，也不会破坏团队的和谐，还能增加团队的凝聚力。

以上案例告诉我们，团队精神是对企业的全局意识，是与同事的协作精神和服务精神的集中体现，核心是大家的协同合作，反映的是个体利益和整体利益的统一，从而保证组织的高效率运转。

现在，很多企业都在努力培养企业的团队精神，建立起各种类型的团队，把越来越多的工作交给团队来完成。

知识放送

企业团队精神对我们有什么用呢?

团队是一个整体，团队精神可以让团队内的每一个成员都能相互关心、相互帮助，也提升了我们自身的责任感。企业团队精神对我们来说主要有3个作用，如图2-2所示。

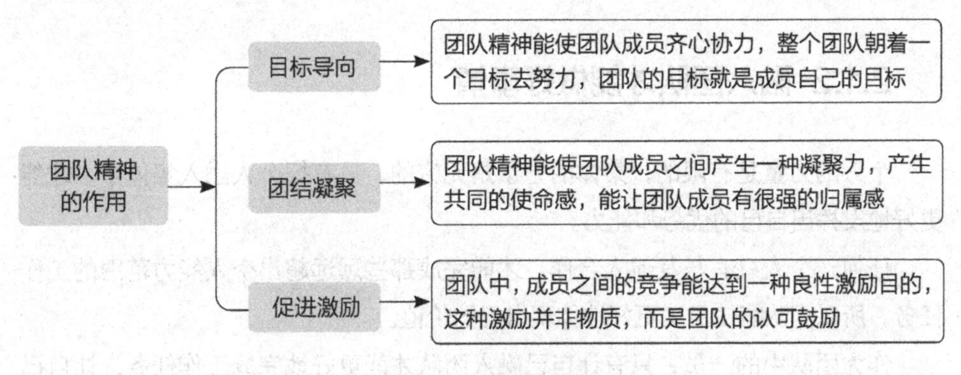

图2-2 企业团队精神的作用

实践练习

我们应该如何培养自己的团队精神呢?

中国有句老话叫：三个臭皮匠胜过一个诸葛亮。所谓的团队精神就是指三个“臭皮匠”只要齐心协力也能比得过一个“诸葛亮”，这说明了团队协作的重要性。

下面以图解的方式介绍我们应该如何培养自己的团队精神，如图2-3所示。

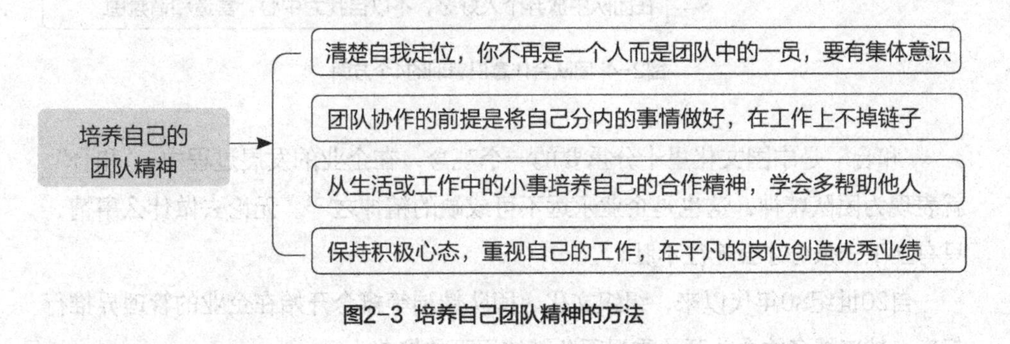

图2-3 培养自己团队精神的方法

小结

企业团队精神是全局意识、协同精神和服务精神的集中体现，核心是通过共同的协作努力完成目标，反映的是个人与集体利益、方向和目标的统一。

团队精神的形成并不是要团队成员改变自我、牺牲自我，相反的是要通过每个人不同的个性、不同的特长更高效地完成组织的任务目标，充分发挥集体的优势，提高工作绩效。

所以，我们要锻炼自己的团队意识、团队精神，融入团队，创造高绩效。

2.1.2 融入团队才能做好事情

个人的力量是有限的，集体的力量是无穷的，只有把个人融入集体中，才能更好地发挥出自己的优势和能力。

任何一个人只有与其他人合作，才能完成那些远远超出个人能力范围的工作任务，所以团队能使员工更好地体现自己的价值。

作为团队中的一员，只有让自己融入团队才能更好地完成工作任务，让自己战胜工作中的一切困难，赢得最终的胜利。优秀的员工都具有强烈的团队合作意识，具体表现在以下几个方面，如图2-4所示。

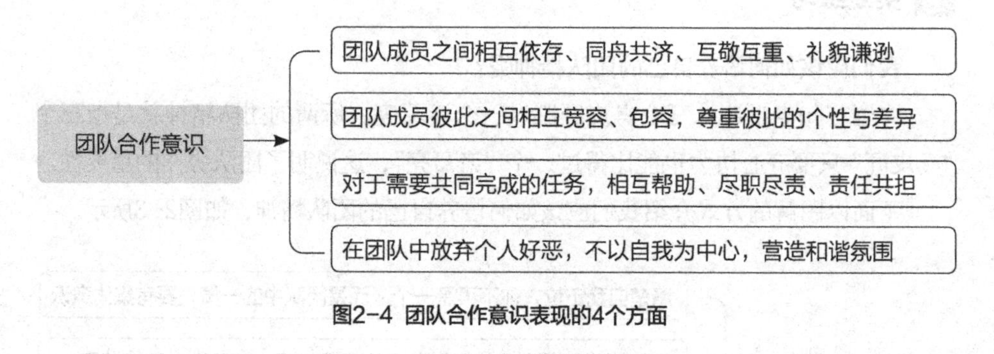

图2-4 团队合作意识表现的4个方面

“和合”是中国文化里十分重要的一个观念，在企业的发展过程中，“和合”就表现为团队精神，这也是企业永远不可或缺的精神之一。无论去做什么事情，只有上下一条心才会无往不胜。

自20世纪80年代以来，组织文化、团队精神等概念开始在企业的管理界推行起来，越来越多的企业开始重视团队精神层面的培养。

很多企业逐渐发现以团队为基础的工作方式所取得的工作成果比个人的要多不少。所以，以个人独立完成任务为基础的工作形式，正逐渐被以团队合作为基础的工作形式所取代。

“一根筷子轻轻被折断，十根筷子牢牢抱成团。”这个比喻很形象地告诉了我们团结是多么重要。工作也是一样，一个人不可能通过单打独斗来完成更多的工作，只有把自己融入集体中去，才能集众人之所长，把工作做好。

案 例

某一大型企业开展新品营销活动比拼，参与此次活动的为市场部和营销部两个部门，营销比拼的第一名将获得奖励红包5万元。大家可以自由选择加入哪个团队，或者个人单独完成此次任务，最终根据大家的绩效结果、所花费的时间进行评分。

稍后，竞聘人员被分成了6队，最具有代表性的是A队和C队，A队的成员有4位，一位擅长与人沟通，交际能力很强；一位擅长策划，营销文案功底不错；一位擅长营销产品，实践经验丰富；还有一位擅长互联网营销，对于线上营销的渠道和方式非常熟悉。

而C队只有一位成员，他叫麦克，他觉得自己很强，任何工作对自己来说都不具备难度。他不想加入其他团队与他人共同完成任务，他觉得自己一个人就能很快完成营销活动，拿到第一名的奖励。

而事实却是几轮营销比拼下来，A队成员每次都是最先完成营销任务的，因为A队成员各有所长，抱团营销可以在最短的时间内分工合作，达到最佳的绩效，最终他们完成了新品4000万元的销售业绩，平均每人1000万元。

而麦克最终只完成了500万元的业绩，与A队所耗时间一样，这就是个人与团队之间的工作成果和效率的差距。

案例解析

在以上案例中，A队的成员因为将个人融入了团队，在团队中很好地发挥了个人优势与长处，通过互助合力创造了优秀的业绩，拿到了第一名。而麦克付出了与A队同样的时间，却因其单打独斗、不参与团队合作，因此落败。

正确的做法是：麦克不应该自以为是、骄傲自满；应该放下个人喜恶，不以自我为中心；应该寻找一个适合自己的团队，融入团队中，在团队中发挥自己的优势，与团队成员分工协作，这样的绩效结果肯定要比个人单独完成的绩效高得多。

知识放送

融入团队对我们有什么好处？

融入一个好的团队，在做事情的时候通常可以达到事半功倍的效果，我们可以在团队中展现自己的价值，与团队融为一体，在团队中找到归属感；而团队能力的突出与绩效的卓越也可以让企业在整个行业中获得称赞和美誉。总的来说，融入团队对我们有以下4个好处，如图2-5所示。

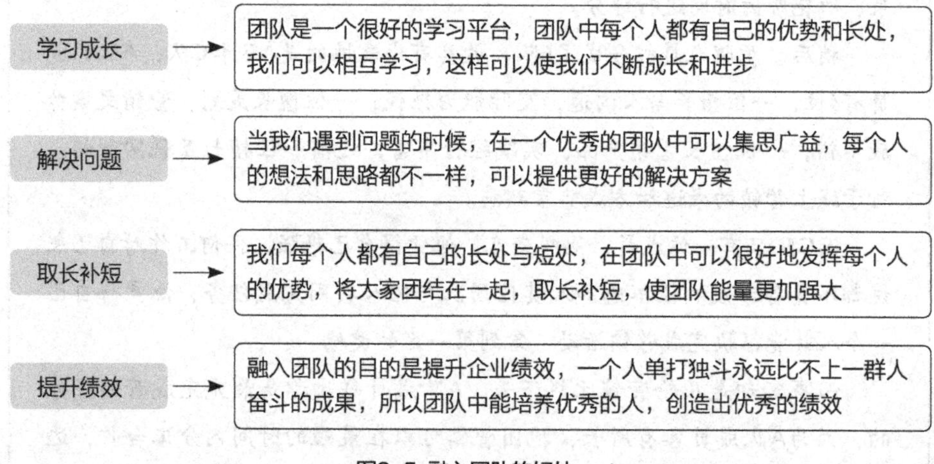

图2-5 融入团队的好处

实践练习

我们应该如何快速融入自己的工作团队呢？

当我们刚刚毕业，初入职场，同事之间都不太熟悉，彼此陌生有距离感，那么我们应该如何快速融入自己的工作团队呢？下面介绍8种方法，如图2-6所示。

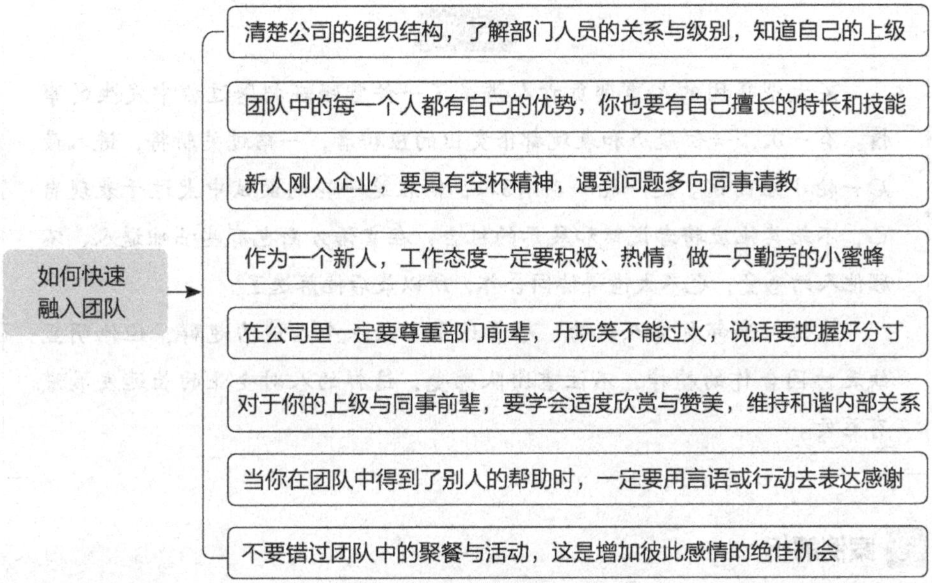

如何快速融入团队

- 清楚公司的组织结构，了解部门人员的关系与级别，知道自己的上级
- 团队中的每一个人都有自己的优势，你也要有自己擅长的特长和技能
- 新人刚入企业，要具有空杯精神，遇到问题多向同事请教
- 作为一个新人，工作态度一定要积极、热情，做一只勤劳的小蜜蜂
- 在公司里一定要尊重部门前辈，开玩笑不能过火，说话要把握好分寸
- 对于你的上级与同事前辈，要学会适度欣赏与赞美，维持和谐内部关系
- 当你在团队中得到了别人的帮助时，一定要用言语或行动去表达感谢
- 不要错过团队中的聚餐与活动，这是增加彼此感情的绝佳机会

图2-6 快速融入工作团队的8种方法

小结

新人刚入职场要学会去融入团队，营造和谐的团队氛围。在现代企业中，做事都讲究团队行动，团队能战胜很多困难，完成个人无法完成的任务。新人在团队中的表现很重要，如果一直默默无闻，不爱说话，不与人交流，那就会过于缺少存在感，一定要适度表现、适度活跃，也不要事事强出头，凡事把握好分寸。

2.1.3 协同合作，你会收获更多

理解与信任不是一句空话，我们要主动营造出相互信任的团队氛围，只有这样才能让工作更加顺利，增加团队成员之间的默契。

在工作上与同事相互鼓励，相互帮助，在大家最需要鼓舞的时候，要尽自己最大的力量去帮助他们。因为每个人都是团队的一分子，都负有让团队更强大的义务，能够和所有的人友好地协作从而完成任务是我们的责任，协同合作会让团队更加融洽。

案例

某大型集团的人事部负责人讲述了一件曾经在招聘过程中发生的事情。有一次，一位履历和表现都很突出的应聘者，一路过关斩将，进入最后一轮小组面试。这一轮一共有3人，他在这一轮的面试中太过于表现自己，不给其他应聘者说话和展示的机会，在言语方面也有些咄咄逼人，不顾他人的感受，也不太懂得协同合作，所以最后他落选了。

这位人事部负责人认为，尽管这个年轻人个人能力超群，但他明显缺乏协同合作的精神，不注重团队感受，这样的人对企业的长远发展没有益处。

案例解析

通过以上案例可以看出，就算我们个人能力突出，在团队中的表现也应该要适度，要重视协同合作的精神理念。

由此看来，协同合作是一个员工必备的素质之一。一个高效率的团队需要协同合作的精神，只有具备协同精神的员工才能使团队成为高效率的工作集体，而员工之间的良好合作，也会不断提高其协作能力。

案例

在某知名酒店发生过这样一件事。一次，酒店组织员工进行野外训练，小王是其中一员。他们每十个人一组，每组都要完成规定的训练项目，如果有谁不能通过，那么这一组就失败了。其中有一个项目是要求每个团队成员都要一次爬到15米高的立柱上，然后再站到立柱顶端直径1米的圆形平台上。

这个任务对于一部分员工来说太难了，有好多人都不能完成。轮到小王进行这个项目时，她全身都在发抖，因为她有恐高症。正当她想放弃的时候，她的组长走过来对她说："去吧，有我们大家呢！你不是在为你一个人努力，而是在为我们这个小组努力，是在为大家努力，我们都会为你加油的！"在大家的鼓励下，在掌声和"加油"声中，小王两腿发抖地向立柱的顶端爬去。

当她爬到10米高度的时候，两腿好像不受自己控制了。这个时候，她真想放弃，但所有的队员都一直在为她加油，于是她鼓起了勇气，继续往上爬。终于到了，可是困难又来了，15米的高度，直径1米的平台，她试了五六次，怎么也不敢站起来。

就在其他组的人都认为她肯定要失败的时候，她的组员却没有放弃，一直在为她大声呐喊加油。“小王必胜！小王必胜！……”在同伴们的热情鼓励和支持下，她终于站了起来，虽然腿在抖动，额头上也满是汗水，但她成功了。

所有人都在为她鼓掌，包括那些竞争对手。为她的胜利，为她能够完成任务，为她为团队付出的一切，为所有队员相互协作、互相帮助和共同进步而鼓掌。

最后，小王所在组获得了胜利。小王说：“是团队给了我力量和勇气，是大家的共同协作让我们取得了今天的胜利。”

案例解析

以上案例让我们懂得，一个团队胜利的关键取决于每位员工的协同合作，依赖于员工与员工之间良好的合作，而这种合作是以信任、沟通和鼓励为前提的。

相互信任的氛围对于每个员工都会产生积极的影响，能够增加员工对组织的情感认可，从而主动为团队做出更多、更大的贡献。

赛龙舟就是很好的团队协同合作的例子，每个人都要心向一处、力往一处使，这样龙舟才能划得快，才能取得胜利。团队成员之间无缝对接、协同合作就能产生1 + 1 > 2的能量。

小结

我们每个人都要为积极营造工作团队的良好氛围而付出自己的努力和真诚，让自己更进一步地融入团队当中，与团队成员建立良好的协同合作关系。

在当今激烈的市场竞争中，和大家一起荣辱与共，心往一处想，劲往一处使，才能让自己融入团队，才能增强自己的工作战斗力，才能使自己在工作中立于不败之地。

2.1.4 团队利益至上，荣誉至上

我们要维护好公司的利益、团队的利益，作为一个企业的管理者，更愿意选择具有“组织利益第一，团队荣誉至上”职业观的员工，哪怕这个员工并不是最优秀、最有能力的。

作为企业的一员，如果不维护企业的利益，是不道德的行为。特别是那些在企业中身居要职又精明能干的员工，这些员工如果了解了公司的核心机密，然后外泄的话，给公司造成的损失是很大的。所以，作为公司的老板喜欢维护公司利益的员工。

案 例

某公司采购部经理小林需要为公司采购一批生产塑胶管道的设备，采购量很大，小林经过多次筛选，最终确定了两家机械设备厂家，一家叫A机械，另一家叫B机械。小林准备挑选出一家进行长期合作。

其实，两家机械公司给出的设备价格不相上下，但A机械的设备质量要优于B机械，而且是老品牌，市场口碑一直不错。B机械成立才三年，虽然质量也不错，但市场反应售后服务不太好。此时，小林是有意向选择A机械的。

这一天，B机械的负责人来找小林，希望小林能和B机械合作。当小林准备拒绝时，B机械的负责人塞给了小林一个很大的红包，小林当场拒收了，并且态度强硬地回绝了B机械负责人。他表示自己会将公司利益放在首位，选择真正高品质的厂家进行合作，不会只考虑个人利益。

最终，小林选择了与A机械合作。事后一年，B机械由于资金周转问题，无法继续经营下去，宣布破产。

案例解析

如果当初小林选择与B机械合作，那现在公司采购的设备产品就无法保证质量与售后服务了，因为B机械公司宣布破产了。在这个案例中，小林有正确的职业观，选择了与高品质的厂家合作。

其实在职场中，负责人收受贿赂的情况屡禁不止，也有一些人因为受贿而被

公司辞退，并受到相应的法律制裁。所以，我们一定要有正确的价值观、职业观，首先要将企业与团队的利益放在首位，重视整体利益，要认识到“今天我以公司为荣，明天公司以我为荣”“我是公司中的一员，我必须对公司负责”。

在医疗行业，笔者也听说过一些这样的情况，部分药品公司为了打开医疗市场，用回扣的方式收买医疗人员。这种情况都是不可取的，严重影响了企业的整体声誉与利益，我们不应该只注重自己的利益，必须要将团队、企业、人民、国家的利益放在首位。

大多数公司都会有类似的现象出现。作为员工，在工作中必须清楚你是在为谁工作，你不负责任的行为或许没有给公司造成很大损失，但是它使你的“自我提升”速度减慢，工作不专心，业绩不突出。

所以说，做好工作不只是为了交差，也是在提升自己、证明自己。

小结

其实，我们作为企业中的一员，企业的利益也代表我们个人的利益，如果我们不维护企业的利益，而导致企业最终失败，那我们自己的利益也将同时受损。

所以，为了公司的利益，同时也为了成就我们自己，一定要摒弃“只注重自己利益”的想法。

2.1.5 不当团队的“短板”

如果10个孩子一起走，哪个孩子最终能决定整个团队的前进速度呢？答案是：团队中走得最慢的那个孩子。

为什么？因为走得最慢的那个孩子影响了整个团队的进度。在团队的合作关系中，我们要一起前进，绝对不能因为自己而影响了团队。

我们都听说过“木桶理论”，一个木桶最终能装多少水，取决于这个木桶最短的那块木板。这和上面举例的意思是一样的，因为整个团队中，人的能力是不一样的，有优秀的人也有平庸的人，而决定整个团队综合实力的是这个团队中能力最弱小的那个。

一个企业，是由许多个部分组成的，而决定整个企业实力的，往往是这个企业中最弱的那个部门，最弱的部门影响了整个企业的发展，同时也导致了优秀人才在这个组织中可能发挥不了应有的价值。一个企业要想寻求更长远的发展，人才最重要，在挑选、培养员工的时候，一定要用心。

身为企业的一分子，都应该为变得更优秀而努力奋斗，不要让自己成为企业的“短板”，对于自己能力的不足也不能放任不管，不能成为让上司头疼的员工。否则，这样就不会得到同事的认可和欢迎，这样的员工在企业中的发展也是极为受限的，升职希望非常渺茫。

作为企业的领导者，一般会通过各种培训来不断提高员工的能力和素质，如果通过培训、调岗之后，该员工还是无法胜任岗位的工作内容，则会被企业辞退或淘汰。

案例

某公司由于业务扩张，将组织结构进行了局部调整，原来的营销部现在分为两个营销部门：营销一部和营销二部。在绩效考核上，两个营销部的业绩以季度为周期进行比拼，根据比拼结果，对优秀的一组给予相应的奖励。

经过第一个季度的绩效比拼，营销一部比营销二部的业绩高了20%，营销一部胜出。但两个部门中都有一个能力比较差的销售员，营销一部的叫小李，营销二部的叫小张。

比拼结果出来后，营销二部的小张非常自责，觉得自己很对不起团队的成员，大家都非常努力，却因为自己的业绩差，拖了整个团队的后腿。自此以后，小张每天都在公司加班，学习业务技能、产品知识、沟通技巧等，平常也更加努力，虚心向团队成员学习营销技巧。

而营销一部的小李并没有这种危机意识，他觉得团队中其他成员优秀就可以了，自己虽然能力不足，但也没有导致团队落败，所以也不需要多努力，还是这样得过且过地混日子。

三个月的时间过得很快，当公司进行第二季度的营销业绩比拼时，营销二部的业绩比营销一部高出了30%，而营销二部的小张通过自己的努力为整个团队多增加了10%的绩效，他的努力得到了团队成员的认可，自己不再是团队中的“短板”。他通过自己的努力，证明了自己在团队中的能力与价值，自己也变得越来越自信。

而营销一部的小李，因为业绩太差，团队成员都不喜欢他，他也没有要进步的打算，因此被公司调到后勤部门，离开了现在的团队。

案例解析

通过以上案例，我们认识到不能当团队的“短板”。比如营销二部的小张，他通过自己的勤奋与努力，付出了时间与精力去提升自己的不足，最终将自己的短处变成长处，得到了团队成员的认可，自己也在团队中找到了成就感与归属感。

而营销一部的小李，明明知道自己能力不足，还不去提升自己的“短板”，那么最终只会被团队所淘汰。

知识放送

认识“短板”的不同层面

人的“短板”一共分为4个不同的层面，包括智商思维层面、情商交际层面、天赋才能层面、知识技能层面，下面进行简单介绍，如图2-7所示。

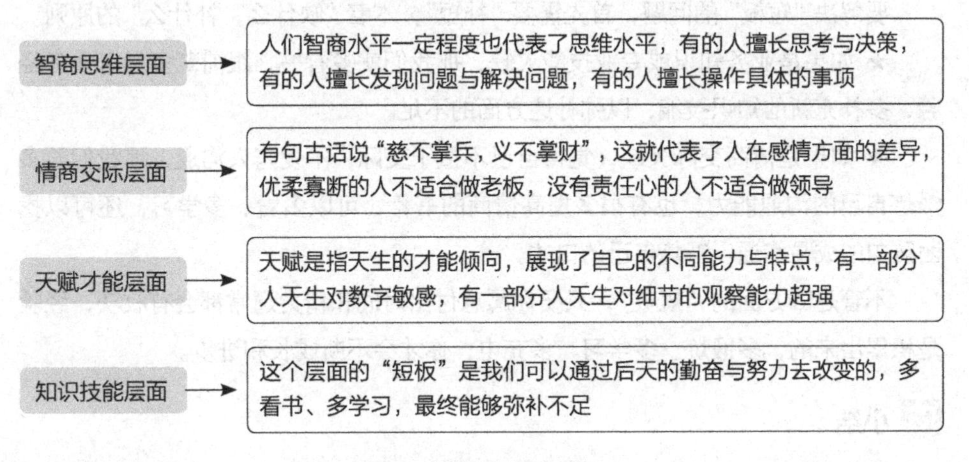

图2-7 “短板”的4个层面

实践练习

我们如何找到自己的“短板”？

所谓当局者迷，旁观者清，人往往对于自己本身的认识是比较欠缺的，而别人的缺点与优点却能看得一清二楚。那么，我们如何找到自己的“短板”呢？下面简单介绍一些方法，如图2-8所示。

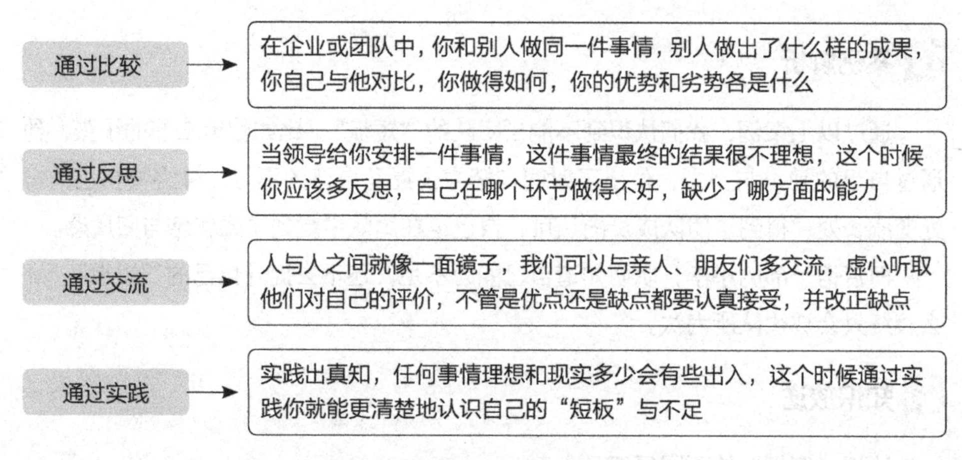

图2-8 找到自己“短板”的方法

我们应该如何克服自己的短板?

要解决“短板”的问题，首先需要“补短”，本着“缺什么，补什么”的原则。

★ 如果是业务知识或专业技能欠缺，那我们就多看书，跟前辈多学习业务经验，多补充新的知识技能，以弥补这方面的不足。

★ 如果是情商交际欠缺，觉得自己不擅于交际，不爱与人沟通，那我们要多锻炼自己的沟通能力，也有很多提高情商的书籍，可以多看、多学习，还可以找团队内的成员沟通以锻炼自己的口才。

不管是哪方面的“短板”，只要你愿意付出时间和精力通常都会有收获，经验是积累出来的，多锻炼、多学习、多充电，你才会不断成长和进步。

小结

在团队中，我们应该关注自己的薄弱环节、劣势以及不足之处，努力让自己成为一个全能型人才，而不仅仅只有某一方面的能力。如果不重视自己其他能力的培养与成长，很难让自己在职场中获得更多的发展。

2.1.6 让个人能力在团队中被放大

那些以自我为中心的人，往往认为自己融入团队后就无法完全展示自己的能力了，觉得自己的才能被其他成员淹没了。

其实，这种想法是错误的。当我们真正融入团队时，就有了共同的目标，这时你会发现，我们的能力会在团队中被放大。团队成员各自发挥自己的所长，为团队贡献自己的一分力量。

在团队中，如果每个人的长项和能力都能得到有效的发挥、施展，那么人人都能成为发光的金子。在团队中不仅要注重团队成员的相互配合、共同协作，还要考虑团队成员能力的互补性。

案例

小张是一名培训机构英语课程的销售员，淡季时公司的业绩都比较差，最直接的影响是销售员的工资变少了，因为没有业绩，提成就会受到影响。

而这个时候，销售部经理又被其他公司高薪挖走了。现在的销售部如同一盘散沙，没人管也没有人负责，大家的业绩就更不理想了，工作态度也很消极。

销售部出现这种情况之后，小张义无反顾地担起了责任，她想把这个团队再组建起来，不然长此下去，公司会经营不下去的。小张找到销售部的员工，组织大家开了个会，小张对大家说："人的能力只有在逆境中才能更好地体现出来，我们应该相信，只要努力，就一定可以提高业绩。"

小张不断地给大家鼓劲、加油，还给大家指引工作方向和工作目标，积极主动与他们沟通，想尽办法让大家重新振作起来。

在她的鼓励和帮助下，大家重拾了工作的信心，工作状态也积极起来了。销售部的成员又开始积极热情地工作，公司的整体业绩也有了很大的提升。

公司董事长知道此事后，特别欣赏小张，特意在公司大会上表扬了小张。因为小张的业绩水平一直很高，与同事的关系也非常不错，因此很快被提拔为销售部经理。

案例解析

小张拥有卓越的领导能力，而且在恰当的时间发挥了极大的作用，才能使销售部从一盘散沙变成公司的中流砥柱。如果公司每个人都能有这种积极的心态，并且能给自己一个清晰的定位，将自己的能力全部发挥出来，那么这一定会是一个优秀的团队，其力量将是无穷大的。

实践练习

高效团队，需要一些什么素质的队员？我们从哪些方面去努力？

一个企业、一个团队要想长远发展和高效运作，必须有一群非常积极并且能力出众的员工，员工之间还要具有高度的合作精神与默契。“合作”两个字在团队中非常重要，这是完成工作任务的必要条件。

技术型、决策型、公关型成员是团队最需要的3种技能型成员。试问，你在以下的团队成员类型中，最接近哪一种呢？我们只有对自己的能力进行清晰、准确的定位，才能够让自己的能力在团队中被放大，发挥所长。下面以图解的形式对3种团队成员能力类型进行分析，如图2-9所示。

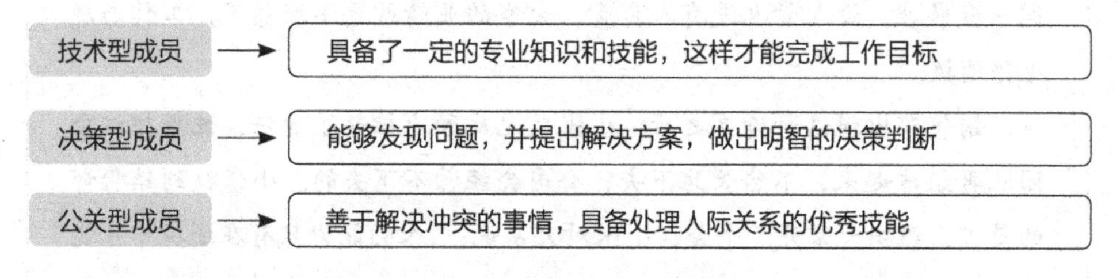

图2-9 团队需要的3种技能型的成员

上面列出的3种技能型人才都是一个优秀团队必须要吸纳的重要力量，只有同时拥有这3种人才，企业才能有长远的发展，并在同行企业中显示不凡的实力。在企业发展过程中，不同的人才之间还需要相互配合、相互促进，这样企业才能高效地运作。

对于团队成员，如果我们再做进一步的细分，一般有9种角色定位，下面以图解的形式进行分析，如图2-10所示。

以上9种角色都是一个优秀团队中应该具备的，可以是一个人承担2～3个角色。作为团队中的一员，我们要非常清楚自己的优点与缺点，在团队中要做到扬长避短，使自己的长处得到充分发挥，让个人能力在团队中被放大，使团队运作更为高效。

图2-10 团队中的9种角色定位

小结

在一个企业中，每个人的能力和特长都不一样，性格也不一样，如何合理调动每个成员的工作积极性，并使他们的能力发挥到极致，是企业管理者面临的重要问题。

作为团队内的成员，我们理应发挥自己的特长与优势，同时还要注意与同事之间的协调，最终实现团队集体利益的最大化。

2.2
角色转变，职场告诉你什么人最受欢迎

现在的大学生多半是被父母捧在手心里长大的，从小就在一个被家人呵护的环境中成长，父母对他们非常包容，尤其是独生子女。这导致他们中有部分人养成了争强好胜的性格，甚至是自傲。

自傲的人一般会表现出很强的优越感，会有一种盛气凌人的感觉，总是以自我为中心，不在乎别人的感受，经常会炫耀自己多么优秀、多么有能力，有时还会指责他人，往往觉得自己非常优秀，别人都不如他。下面我们来看一个案例。

案例

某大学人力资源专业的学生乐乐，有一天她去找辅导老师，一副愁容满面、很烦恼的样子。她说："老师我很痛苦，您能帮帮我吗?"

老师说："别着急，你慢慢说，我会尽力帮助你的。"乐乐向老师诉说烦心事。乐乐是全家人的掌上明珠，只要是乐乐想要的，家人基本上会满足。乐乐是一个集全家人的宠爱于一身的孩子，很少碰到不顺心的事情。乐乐的学习成绩也一直非常不错，长期担任班干部职位。

可是自从乐乐进入大学以来，好像以前在学校的那种优越感没有了，在班上也没有了话语权，同学们都不听她的安排，每次开会或安排活动同学们也都不积极，好像大家都在跟乐乐作对，所以每次都会不欢而散。

总之，乐乐认为，最近所有人都在跟自己过不去，经常和寝室人争吵。有一次同学朝她扔了点东西，结果两个人打了起来。

案例解析

在以上案例中，乐乐的自我优越感太强，非常在乎自己在班级中的地位和影响力，当自己的地位受到影响时，反应会比较强烈，对周围人的态度也会变得有些烦躁不安，觉得全世界的人都在跟自己作对。

正确的做法是：乐乐应该静下心来反思，为什么同学都不愿意听自己的话了，是否是自己哪里做得不对，是否有哪里是需要改进的。一个一个找原因，以谦卑的态度与同学或老师进行深入交流，放下自己的姿态，听取同学和老师的建议。

知识放送

职场中，我们需要学会的是容忍

在职场中每个人都会有不如意的时候，每个人在工作中多少都会遇到失败和挫折。当你与同事或领导发生冲突的时候，一定要学会隐忍和宽容，因为宽容能化解大多数的矛盾，宽容别人就是放过自己。宽容是一种高贵的品质，骂人不如帮人，责人不如容人，让他们感觉到你的宽容和爱，这种宽容的品质能感化别人。

实践练习

职场中，我们应该具备哪些特质才能成为最受欢迎的人呢？

在职场中，最受同事和领导喜欢的是哪一类人？不同的人衡量标准会不一样，但都有一个共同点，那就是人的成熟度。可能成熟度缺乏客观的衡量标准，所以人们只能意会，而无法用数字来量化。

初入职场的人，可能因为个人能力突出、背景好、有才华而受到同事的喜欢，但越到后面，越是综合实力的比拼，越成熟的人越受欢迎。成熟的人主要表现在以下8个方面，如图2-11所示。

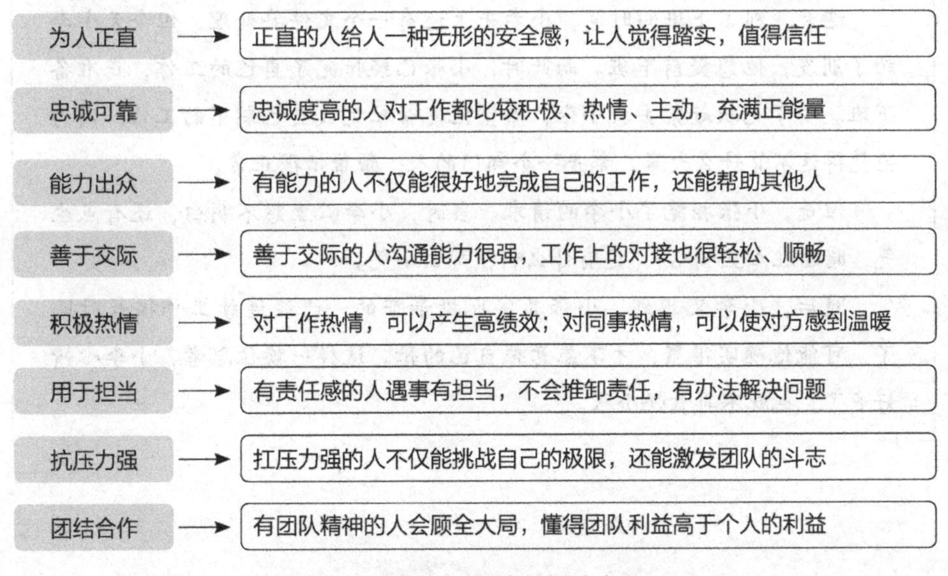

图2-11 成熟的人主要表现在8个方面

小结

不管是在学校，还是在企业中，不可能每个人的观点都与你一致，更不可能让同事或者上司都听从你的看法。你个人觉得很好的建议，可能你的上司会觉得一般，如果因为上司或同事否定了你的想法而与之起冲突的话，这种职业态度会使你在职场中很难有容身之地。

2.2.1 换位思考，站在对方的角度看问题

人与人之间最大的理解来源于换位思考，站在对方的角度和立场看问题，就不会只顾自己的感受而过多地责怪他人，换位思考能使双方的关系更加融洽。

不论是工作还是生活，每个人都有许多不容易，都有自己的泪水和艰辛，我们通过换位思考可以更好地去理解他人、体谅他人，从而让对方对自己产生好感，轻松赢得上司和同事的欢迎，得到他们的认可。

案例

小李和小张是同事，最近公司的工作量比较大，部门中一些同事经常加班。

这天，到了下班的时间，小李手上还有一个文件要处理，但今天小李约了朋友，他想提前下班。而此时，小张已经忙完了自己的工作，正准备下班。小李见状赶紧去找小张，希望他能帮忙完成自己剩下的工作，因为他觉得这不算什么大事，都是一个部门的人，帮帮忙很正常。

但是，小张拒绝了小李的请求。当时，小李心里想不明白，还有点生气，暗暗在心里嘀咕："这有什么啊，那么小气。"

随后，小李又想到，小张其实也挺辛苦的，已经连续工作很长时间了，可能他确实很累，才不愿意帮自己的忙。这样一换位思考，小李心情好多了，也就不再责怪小张。

案例解析

开始的时候，由于小张拒绝了小李的请求，小李心里是有点生气的，但事后小李站在小张的立场上，想了一下对方为什么会拒绝自己，找到可能的原因后，小李就释然了。

根据个人立场、处境不同，要完全去理解对方的感受是很难的，但我们要学会多站在对方的角度思考问题，换位思考才能让我们更清楚地认识自己，正确地认识他人，这样看待问题的角度才够全面。

实践练习

如何站在对方角度看问题？如何学会换位思考？

有一定思想高度、学识的人往往更懂得换位思考。换位思考是一种心与心之间的沟通交流，我们只有理解他人才能以更好的心态包容他人，换位思考是一种尊重、一种智慧，更是一种豁达。

那么，我们初入职场的新手，应该如何学会换位思考呢？首先，我们要通过4个问题清楚地接收到对方所表达的信息，如图2-12所示。

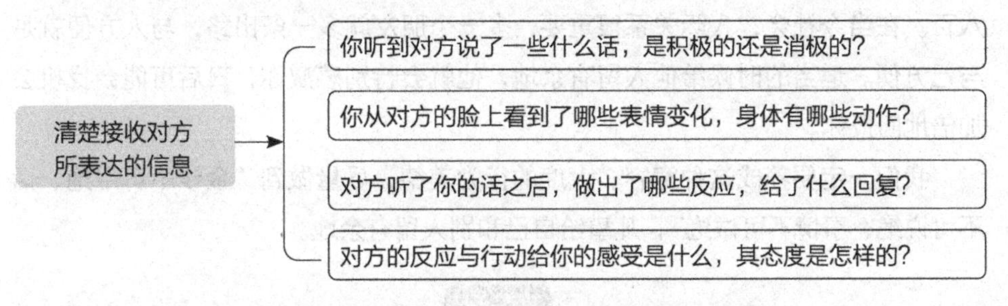

图2-12 通过4个问题清楚接收到对方所表达的信息

通过以上4个问题，可以让你清楚地知道对方所表达的信息与情感，并对自己的所见、所闻、所感进行整理，然后通过以下两个问题，进一步了解对方的心理活动，如图2-13所示。

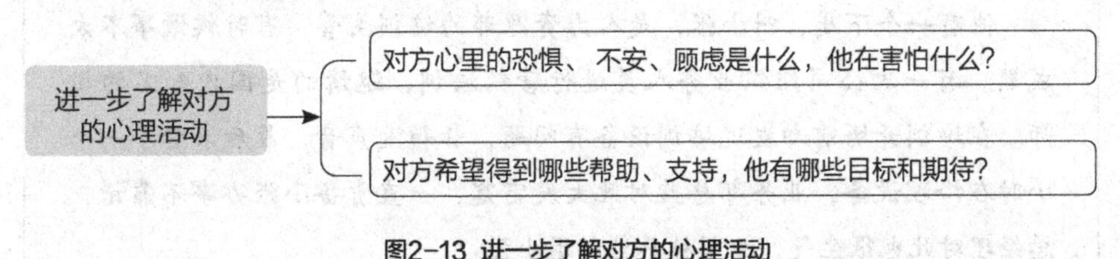

图2-13 进一步了解对方的心理活动

通过后面两个问题，思考对方做出这些行为与表现的真实原因是什么，分析其背后的故事，要想学会换位思考，可以先练练以上的基本功。

小结

多替别人着想，才能赢得别人的信任、尊重和友谊，有助于协调人际关系，凝聚人心，增加自己的魅力。

2.2.2 任何时候都要留有余地，留有退路

渔民说：一网打尽，下一网打什么？

农民说：不留种子就是绝种绝收，不给别人留余地就是断了自己的后路。

万物瞬息万变，言行与结果之间往往具有一定的空间与距离，我们要学会适当给自己留有余地，万一事情有变动，结果并不是当初设想的，也不会使自己陷入两难的地步。说话间给自己留有余地，交谈间不把话说得太绝对，也是善待自己的一种方式。

我们不仅要给自己留有余地，还要给别人留有余地，伤人一千，往往自损八百。在当今社会，人际关系很重要，多一个朋友就多一条出路，与人方便就是与己方便。适当的时候给他人留有余地，他就会特别感激你，日后可能会找机会加倍地回报你。

我们一定要养成这种宽容、大度的行为美德，尽量做到“金钱不可用绝、话不可说绝、事情不可做绝”，凡事给自己和别人留有余地。

案例

某公司人力资源部的林总监，其非同一般之处就在于他深谙“任何时候都要留余地”的道理，即使属下犯了不可饶恕的错误，他也能够宽厚待人，给人改过的机会。

他有一个下属，叫小张，是人力资源部的培训主管，有时候做事不太成熟。有一次公司组织业务人员进行营销培训，邀请的是国内知名的讲师。在培训开场前却发现培训设备有问题，音箱没声音，最后浪费了一个小时在修理设备，业务部总监对此大发雷霆，一直责备小张办事不靠谱，总经理对此也很生气，希望林总监辞退小张。

人力资源林总监找到小张，两人进行了深入交谈。小张也知道自己错了，他没有检查好培训场地和设备，结果在培训当天发生了这种不应该犯的错误，浪费了大家的时间，他深感内疚，说自己一定好好反思，希望公司再给他一次机会。

林总监见小张也知道自己错了，态度也不错，就在总经理面前尽力保住了小张。从此以后，小张工作上兢兢业业，比以往更加尽职尽责，工作非常有成效，他对林总监也非常感激。

案例解析

常言道，“多个朋友多条路，多个敌人多堵墙”“给人留一条出路，等于给自己留一条出路”，无论何时何地交友总比树敌要好得多。

所以，林总监凡事留余地，鲜少与人为敌，往往也就不会为自己埋下后患，还会让别人对他更加感恩。

知识放送

做人做事时，我们应该如何做到留有余地？

在做事方面，如果别人有求于我们时，我们可以答应对方的请求，但不要向对方保证什么，比如“保证做到”“保证没问题”等。因为万事万物都在变化，你不能把话说得过于绝对，以免最后办不到，陷入尴尬的局面，影响到双方的关系。

你可以说“我尽量”“我试试看”等话语，如果上级给你安排了一项事情，你也不能绝对保证能做到，而只能说“我全力以赴”之类的话。万一做不到，也好给自己留有余地，对方也不会过度责怪你。

在做人方面，我们说话要谨言慎行，不要口出恶语，不要过度伤人，要给人留有余地，不伤人面子，不能说“我们绝交”“我们誓不两立”“有我没他，有他没我”之类的话。

也不要对一个人过早下结论，比如说“这个人这辈子都没什么出息”“这个人以后肯定有大成就”之类的话。说话太过绝对不留有余地就会容易得罪人，使自己陷入困境。

小结

在这个高速发展的时代，给人留有余地是一种高尚的美德，也是一种大智慧。懂得留有余地的人，眼光会更加长远。懂得给自己和他人留有余地，往往能避免尴尬的局面，做到进退从容。

2.2.3 得意时不张扬，多替别人着想

人生总会有几件让自己特别得意的事情，有些人喜欢在别人面前炫耀，以展示自己的优秀、能力出众等，而有大智慧的人一般都比较低调，得意的事情一般都放在心里，就算表露出来也不会那么张扬，不会让对方在相比之下有自惭形秽的感觉。

在我们的工作中，同事间的相处是非常密切的，在一起的时间也是最多的。有时候中午吃饭或者下午茶时间，会看到一些人大谈自己认为得意的事情，以显示出自己多么有能力、多么优秀，表现出对方不如自己的感觉。

其实，这种行为并不好，很容易影响同事间的关系。大家往往不会觉得你有多么了不起，反而会觉得你在卖弄自己、炫耀自己，让自己锋芒毕露有时只会得罪更多的人。在职场中，嫉妒你的人也许比羡慕赞赏你的人要多。

在农村，一位女士的女儿从国外修学回国之后，在一家上市企业上班，每月工资上万元。这位女士以自己的女儿为荣，特别自豪，觉得自己的家境并不好，但女儿却这么优秀，给自己挣足了面子。她在亲朋好友面前，总是炫耀女儿多么风光、多么有能力、多么听话。

后来，这件事被女儿知道了，极力地制止了母亲的这种行为。母亲总夸自己的女儿，别人听到也许会有不好的感受，不要因此伤害了他人。毕竟每个人家里都有儿女，都希望自己的儿女也这么优秀，母亲的这种行为可能会招来更多的嫉妒。

案例

某公司的营销部门有两个关系很好的女孩，小芳很有气质、很漂亮，而且情商高，特别会说话，大家都非常喜欢她；而小霞的相貌则比较普通，也没有特别突出的地方。

这一天，她们因为业务需要一起参加一个高端的营销舞会，去认识更

多的营销“大咖”，看有没有业务合作的机会。在舞会上，许多男士都被小芳所吸引，都想与小芳共舞，而小霞则被冷落在一旁。

当小芳感觉到这种情况时，以自己身体不适为由，拒绝了大家共舞的邀请，大家也都尊重小芳的意见，转而邀请小霞共舞，这让小霞得到了很大的快乐与满足。

最后舞会结束时，小芳和小霞都开开心心回家了，双方感情特别好。

案例解析

小芳在这么重要的场合，用了一种低调的姿态，隐藏了自己的锋芒。小芳将她们之间的友情看得很重要，虽然她知道自己很多地方都比小霞优秀，但在任何情形下，她都非常照顾小霞的感受，让小霞没有感到心理落差，也使她们之间的友情更加牢固、深厚。

锋芒毕露容易遭人嫉妒，也有可能会给自己带来意想不到的伤害，小芳用自己的高情商很好地处理了这类事件。

小结

我们在生活和工作中，要注意自己的一言一行，重视对方和自己相处时的心理感受，不能给对方造成心理压力。如果双方相处在一起不愉快的话，也会影响到双方的感情和关系。

得意时不张扬，多替别人着想，这样的人在职场才会受大家的欢迎。

2.2.4 工作态度乐观，情绪稳定不抱怨

在职场中，谁都希望与正能量满满的人成为朋友，这样的人通常也是最受欢迎的，因为这种人能给人带来正面积极、乐观向上的心态。

本来工作就比较辛苦，如果还经常听到同事的抱怨，自己仿佛变成了一个垃圾桶，这样心理的负面因素就比较多，从而影响自己的心态。因此，这种情绪不稳定又爱抱怨的人是不受职场欢迎的。

据相关研究表明，积极的心态决定了成功的85%，在职场中99%的领导者都

具有积极乐观的工作态度，他们这种积极乐观的心态也会传达和影响到下属及周围的同事，使大家跟他们一样的积极。

积极乐观的态度是成功者必备的心理要素，这是他们在工作中充满激情、充满奋斗的动力，当在工作中遇到困难和委屈的时候，他们都会积极地面对并解决问题，最终达到自己的目标。而心态比较消极的人遇到困难就容易放弃，不易坚持，甚至还会影响到周围的人。

案例

某公司销售部分为销售一部和销售二部，两个部门的销售业绩不相上下，总经理为了提升销售部的业绩，激发他们的奋斗动力，准备对两个销售团队进行对比考核，业绩第一名的团队奖励1万元的现金。

在5月份的比拼中，销售二部的成员都比较努力，有部分同事加班陪客户、跟进生产线，而相比之下，销售一部的同事每天准时下班，似乎没有二部那么努力。

等到考核结束，销售一部的业绩居然在销售二部之上，这样的结果让那些非常努力的同事心里很不服气，他们觉得自己这么努力，都没有拿到第一名，心里很失落，有些同事说下个月不这么努力了，反正也评不上。

此时，销售二部的小林站了出来，他对大家说，这一次销售一部赢了，但我们不能因此放弃自己。可能他们付出了我们双倍的努力，只是我们没有看见而已。希望大家不要气馁，多向一部学习，争取下个月拿到第一名。

在小林的鼓励下，大家没有再相互抱怨，继续用积极的心态面对下个月的考核，小林用正能量鼓励大家朝着正确的方向努力。

案例解析

小林的工作心态非常的积极，同时他将这种正能量传递给了销售二部的每一位同事，小林对他们进行鼓励与心理辅导，使他们走出了消极的心态，让他们有勇气接纳自己，积极面对接下来的工作。

积极的心态可以让大家在困难的时候萌生力量和勇气，小林的这种阳光心态，在职场中也是非常具有魅力的，大家非常喜欢与这样的同事相处，因为他能帮助和影响自己。

知识放送

积极的工作态度，对我们有什么用？

积极的工作态度能让我们感受到快乐和成功，会给我们的工作和生活带来阳光和正能量。当我们遇到困难和挫折的时候，要多给自己一些鼓励、信心，要对自己多进行自我肯定。

充满阳光的心态对我们的职场帮助很大，下面以图解的形式进行分析，如图2-14所示。

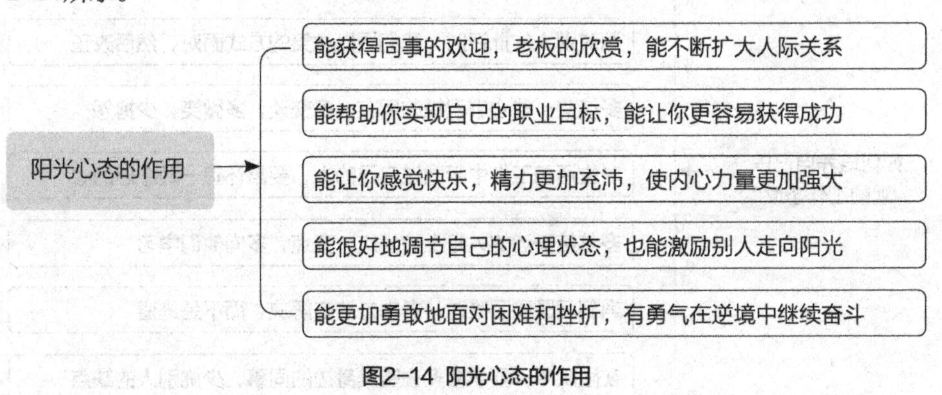

图2-14 阳光心态的作用

工作心态积极的人，都具有哪些特征？

在工作中心态比较积极的人，一般具有以下6个特征，如图2-15所示。

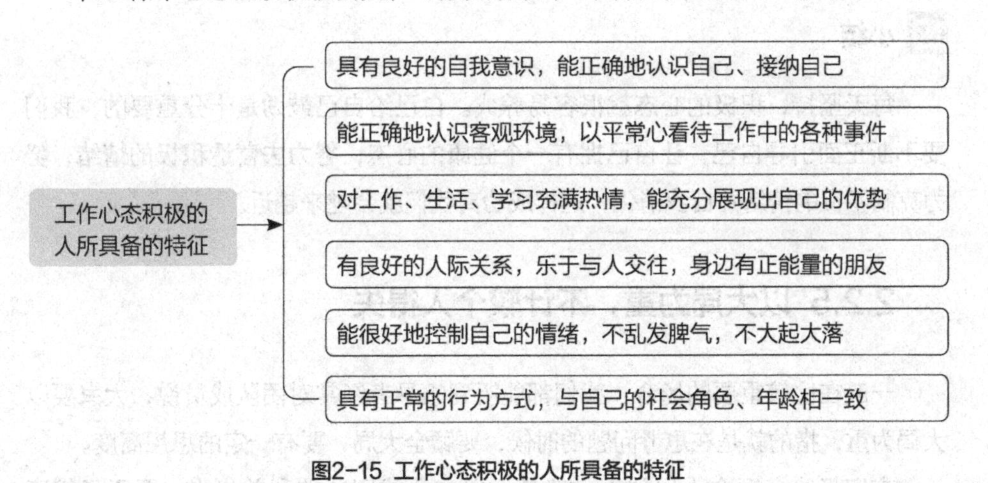

图2-15 工作心态积极的人所具备的特征

实践练习

我们应该如何培养自己的乐观的工作态度？

成功大多属于心态积极乐观的人，心态影响思维，习惯影响未来，要培养自己乐观的工作态度得从良好的习惯开始，下面以图解的形式进行分析，如图2-16所示。

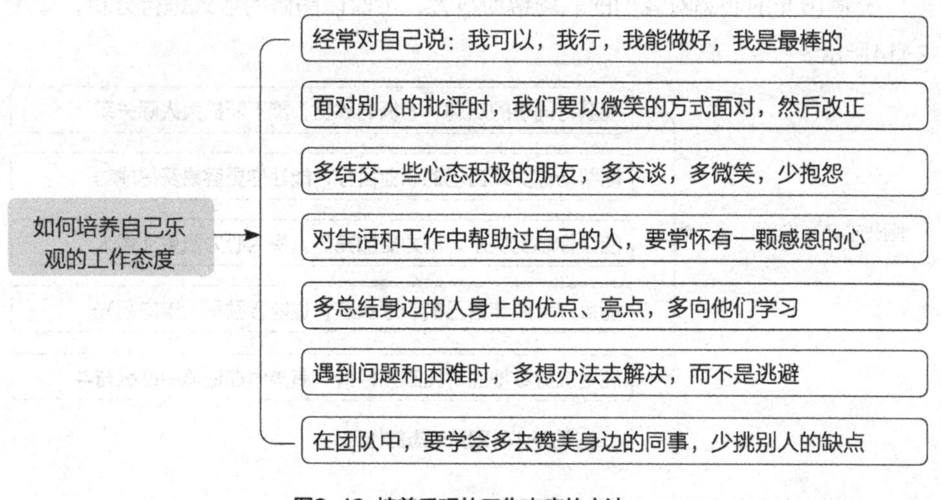

图2-16 培养乐观的工作态度的方法

小结

每天坚持，积极的心态就很容易养成。自己给自己鼓劲是十分重要的，我们要不断正面引导自己，让自己拥有一个健康的心态，努力去营造积极的情绪，努力克制不良的情绪并自我消化，这样成功离我们就会越来越近。

2.2.5 以大局为重，不计较个人得失

一般在比较重要的场合，我们都能听到领导者经常对团队成员说，大家要以大局为重，指的就是在思考问题的时候，要顾全大局，要有一定的思想高度。

在职场中，顾全大局的人一般都会以企业或团队的利益优先，勇于承担责任、意志力坚定，他们具备崇高的团队合作精神，能正确理解和执行企业未来的发展战略规划，准确把握企业未来的发展方向。

以大局为重的人，善于挖掘每一位员工的优势和特长，并激励员工努力完成工作任务，他们有一定的影响力与号召力，遇到困难和问题时不会推卸责任，会积极寻找解决问题的办法。

这样的员工，在职场中也非常受欢迎。

案 例

某公司准备研发一款新型吹风机，总经理从公司挑选了两个负责人来专项负责此事，一个叫小张，一个叫小陈。他们都是非常优秀的人才，总经理非常看好他们。但他们私下的关系并不好，两个人经常较劲，相处并不和谐。

有一次，两人在研发产品的过程中，对产品的参数和设计持有不同的意见，结果谁都听不进对方的话，产品的研发进度一再拖延。后来，小张觉得这样下去不行，工作没有业绩成果的话，总经理会直接问责的。

因此，小张主动找小陈进行了一次深入交谈，希望双方放下成见，以企业大局为重。经过双方意见的对比和分析，小陈愿意放下自己的意见，以小张的意见为主来研发和设计产品，在研发过程中两人还经常沟通意见，尊重彼此。

最终，他们研发的吹风机市场反响非常不错，销量一路飙升。

案例解析

在上述的案例中，小张放下个人成见主动找小陈进行深入交谈，这就是一种顾全大局的行为，他为了公司整体利益，懂得与人合作，这样也才使产品得以研发成功。如果当时双方都不愿意沟通，各持己见，那么也不会有今天的成就。

小结

在职场中，我们需要强化大局意识，凡事从大局出发，以集体利益优先，成就企业就是成就我们自己，我们需要培养自己大格局的眼界和心态，一个以大局为重的人更容易得到领导的赏识。

2.2.6 不以自我为中心，以团队为中心

现在的年轻人，由于大多都是独生子女，往往在家庭中养成了以自我为中心的行为习惯。毕业进入职场后，有的人在职场或团队中自我膨胀，导致人际关系出现问题，与同事相处不融洽。

此时，我们需要改变这种心理状态。当你进入企业后，你就是团队中的一员，要放下以自我为中心的意识，以团队为中心、方向，为共同的目标去努力。

案例

某公司的技术团队有4名技术成员，其中一人叫小张，他是一位刚毕业的新员工。刚进部门不久，领导每次给他分配工作的时候，他都以自己的喜好来做事，自己喜欢的工作他就会十分用心地完成，如果是自己不喜欢的工作，他的工作态度就马马虎虎，只是完成任务，并不在乎做得怎么样。

案例解析

在职场中，像小张这种工作心态的人不在少数，他们以自我为中心，比较注重自己的心理感受，不在乎整个团队的工作绩效。

长此以往，如果小张不改变自己的态度，就很容易被企业淘汰，也很难在企业中有很大的发展前景和上升空间。这样的性格和行为，会成为其成长过程中的绊脚石。

正确的做法是：在团队中，不论领导安排给自己的工作内容是什么样，不管是自己喜欢的还是不喜欢的，都应该尽全力去完成，这样才能体现自己的能力。

小结

当我们步入职场，已经成为团队中的一员时，就应该放下以自我为中心的想法，以团队整体目标为核心，以团队整体利益为先。在团队中不要锋芒毕露，要学会适当低调。我们要学会积累经验、人脉，让自己逐步成长，慢慢变得强大。

2.2.7 不夸夸其谈，不背后说人八卦

在职场中，每个企业中都有喜欢夸夸其谈的人，在背后说人八卦的也不在少

数。夸夸其谈的人总觉得自己非常优秀、高人一等，觉得自己比其他人都强。可是时间一久，他们会给人一种“华而不实”的感觉，很难得到对方的长久信任，也不能给对方一种踏实的安全感。所以，我们要学会脚踏实地，能做到的才能给对方承诺。

八卦是一种能轻松建立人际关系的手段，但在职场中，最忌讳的就是在背后说人八卦、说人坏话，因为这些话也许有一天会传到对方的耳朵里，这样很容易影响团队的凝聚力。职场中没有永远的朋友也没有永远的敌人，我们要学会保护自己。

案例

小赵毕业后入职了一家设计公司的业务部，小赵为了能与其他同事打成一片，经常在午饭或下午茶时间找老员工聊天，聊公司的八卦。这种方式确实增进了她与其他同事的关系，关系走得最近的就是业务部的小张。

随着小赵和小张感情的增进，小赵开始在背后说其他同事的坏话，她将一些讨厌的上司、同事，全说了个遍，小张只是听着，并没有做过多的回应。但不久后，小赵说过坏话的那些同事在工作上对小赵就没有什么好态度了，甚至处处针对她。

原来，小张为了自己能顺利晋升业务主管的岗位，为了得到公司更多同事的投票和支持，正在背后拉拢关系，将小赵说的那些坏话全部告诉了对方。这样他自己既获得了别人的好感，又增加了晋升的机会。

结果可想而知，小赵被公司同事孤立，无法继续在公司安心工作，最后只能辞职走人。

案例解析

在职场中，像小赵这样的案例数不胜数。我们应该要克制、约束自己的言行举止，不要做损人不利己的事情。

正确的做法是：小赵可以通过认真工作、帮助同事等行为来增进和同事间的关系，不能采取伤害别人的行为来达到自己的目的，这样的行为是不可取的，也会阻碍自己的发展。

小结

在职场中，我们不能当面一套、背面一套，我们要表里如一地待人待物，言行合一。夸夸其谈、背后说人八卦的行为很影响自己在公司的长远发展，与同事增加感情、拓宽人际关系的方式有很多种，而背后说人八卦是最不可取的一种行为，弄不好还会伤害同事之间的感情。所以，我们要给自己正确的行为导向。

2.3 融入企业，老板最喜欢这样的优秀员工

在大学期间，有些同学过于追求个性，他们要的就是与众不同，要足够吸引眼球，他们甚至愿意为此做出任何事情。

比如：军训期间，教官要求所有人着装统一，而有些同学就是要表现出自己不一样的一面，不愿意穿统一的迷彩服，不愿意把头发剪短；上课期间，有的同学总是做自己的事情，不听课，还影响周围同学。

而在企业中，企业需要的是适应它，一心一意为它服务并做出贡献的员工，而不是对它怀疑、找它毛病、看它不顺眼的人。企业不是一个自由市场，不是自由论坛，不是个人的自由天地，而是一个有组织、有纪律的团队。

个人的任何言论都必须有利于企业的发展，符合其要求，新员工应理智地、迅速地认同、适应、融入、忠诚于这个企业。对企业评头论足，说长道短是不应该的，否则这个团队会成为一盘散沙，一事无成。

案例

某公司设计部招聘了一位实习生，当这位实习生对公司的业务有了全面了解之后，领导安排他做一个设计方案。可是做出来的方案，领导很不满意，给实习生提了很多修改建议，实习生也听得很认真，听完之后回去修改方案。

过了两天，实习生又重新递交了修改方案，可领导还是不满意。这时候实习生有点不高兴了，和领导争辩起来，最后实习生觉得自己跟公司的经营理念差距太大，这个企业不适合自己，于是申请了辞职。

案例解析

上面案例中的实习生还是学生心态，自己的角色还没有转换过来，他没有明白学校和企业是两个不同的环境，企业是一个讲究利益的地方。这位实习生明显没有很好地融入企业的环境，没有适应企业的工作和发展，这样很容易被企业淘汰。

正确的做法是：实习生应该先保留自己的意见，按照领导的意思去修改方案。因为实习生刚入公司，对企业的业务是不太了解的，而领导往往知道什么样的方案最合适。因此，不要固执己见和领导争辩，而是尽全力去将方案修改好，然后重新交给领导。

2.3.1 热爱自己的公司，提高自我价值

热爱的力量是伟大的，热爱可以给我们意想不到的动力，让我们实现自己的愿望和理想。

热爱一个人就会为他付出一切；热爱一件事就会全力以赴地去实现。对于一个员工来说，只有热爱一个企业，才能把自己的全部力量和热情投入到工作中去，从而提高工作效率，实现自我价值。

案例

小李是某集团财务部的财务主管，能力出众，人际关系也非常好。她非常热爱自己的公司与工作，每天兢兢业业地工作。虽然工龄有两年了，但工资增长不大，小李并不介意，因为她相信只要自己继续努力，领导一定不会亏待自己。

有一天，有一位猎头找到了小李，说另一家公司福利待遇很不错，愿意以双倍的工资“挖”她过去任职财务经理的岗位，但小李断然拒绝了。她说她热爱自己的公司，热爱自己的每一位同事，这种快乐是发自内心的，她希望与公司共同成长。

就这样一年后，小李由于工作出色，被公司提拔为财务总监，薪资翻了几倍，自己的发展空间也更大了。

案例解析

爱公司就是爱自己，每个员工都希望得到领导的重用，希望自己是企业中的骨干核心人才，你只有从心里真正热爱公司，才能发挥出无限的工作热情，这样公司才会给你最大的回馈。

比如上述案例中的小李，她是真正热爱公司，想与公司共同成长，所以外界给的利益和诱惑无法动摇她的意志。也正是因为这样，小李通过自己的努力最终得到了领导的重用。

知识放送

热爱自己的公司，对我们有哪些现实意义？

图2-17所示，为热爱公司对我们的现实意义。

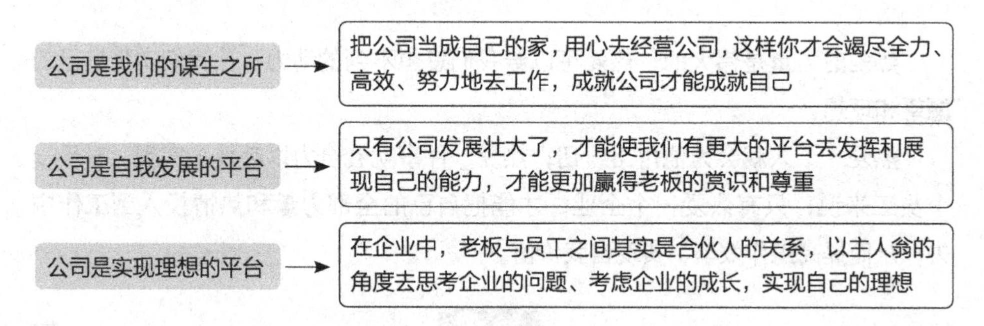

图2-17 热爱公司对我们的现实意义

小结

“凡百事之成也，必在敬之；其败也，必在慢之。”古人就知道热爱的重要性，凡事只有热爱才能接受，热爱是接受的第一步。对于工作中的员工来说，热爱企业是认同企业的前提，也是为企业付出的前提，更是实现自我的前提。

我们在企业里工作，只有通过企业这个平台才能更好地发挥自己，假如没有了这个平台，员工个人就失去了用武之地，即使你才高八斗、学富五车，都不能施展。所以，有企业才有员工发展的舞台。

我们要珍惜这个给我们提供施展才华机会的平台，热爱自己的工作。只有热爱自己的就职企业，才能为自己提供空间、创造机会。

2.3.2 融入企业文化，才能更好地发挥自己

如果倒退几十年，恐怕没有多少人听说过“企业文化”这个词，而随着市场经济的不断发展，“企业文化”这个词在我们的工作和生活中已经司空见惯，那究竟什么才是企业文化呢?

有一位管理大师给过这样的定义：企业文化是在一个企业的核心价值体系基础上形成的，它有对内和对外两个方面，对内表现为企业精神，对外表现为企业形象。企业文化可以让企业更加具有企业的凝聚力、约束力和导向力。企业文化是一个企业在长期经营积累中所凝聚、积淀起来的一种文化氛围、精神力量和经营境界。

要认同一个企业，首先就要对企业有所了解，要了解企业的文化，并能够理解、接受和热爱它。企业文化是一个企业的精髓所在，它昭示了企业的发展方向和价值观。

不同的企业有着不同的企业文化，这和企业的发展方向、价值观念、发展环境、历史背景和地理环境都有着一定的关系。作为就职企业的一分子，我们必须要让自己彻底地融入企业文化中去。一滴水只有放进大海里才永远不会干涸，一个人只有当他把自己和集体事业融合在一起的时候才能发挥力量。

无论是老员工还是工作不久的职场新人，只有认识到企业文化的重要性，并且让自己充分地融入其中，才会领悟企业精神和工作要领，才能把工作做好。只有让自己融入企业文化里才能尽快地实现自己的价值。

案例

某企业是一家知名的跨国公司，一直在研究石油化工产品，在世界很多城市都设有办事机构。他们的员工和企业的关系是业界有目共睹的。

有一次，一个记者专门就员工和企业之间的关系问题向公司总经理提问：“刘总，您是怎样看待企业和员工之间的关系的，企业又是怎样和员工一起推动经济的发展?”

总经理回答：“我们的员工能够如此热爱公司，是因为他们对企业有强烈的认同感，认同企业的价值观与企业文化，这样他们也会更加努力去工作，发挥出自己强大的潜力和能力。公司很重视忠实于企业文化的员工，将这些员工凝聚在一起，可以成为企业发展的核心力量。员工认同企业文化就会有主人翁的意识，将企业与个人利益绑在一起，这也是我们能够在全球范围内建立、合并了10多家公司，并取得良好业绩的根本。”

案例解析

对于任何一个员工来说，在一个企业里工作，无论你是否喜欢，只要你还在这个企业中工作，你就要接受它，你要对自己的工作负责。只有认同了你所就职的企业，认同了企业文化，才能将个人与企业看成是一个整体，才能更好地发挥和展现自己的才华。

实践练习

新入职一家公司，我们应该如何融入企业文化？

下面以图解的方式介绍新员工融入企业文化的步骤，如图2-18所示。

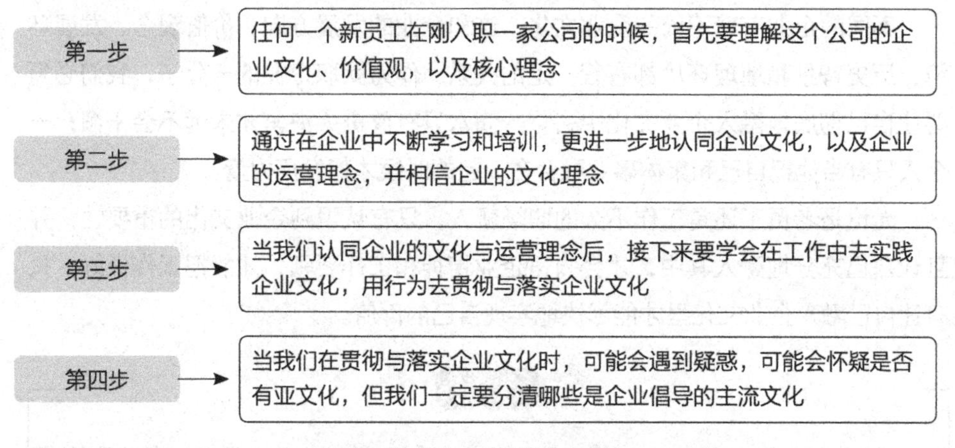

图2-18 融入企业文化的步骤

其实，融入企业文化就是融入企业的氛围，接受企业的运营理念，接受新环境中的习惯，适应新的工作方式，这种融入企业文化的行为是自觉倡导的，不能被强制执行，否则新员工会因为不适应企业文化而离开。

每个人对工作都有不同的要求与期望，而每个企业的实际情况又各不相同，不可能提供每个员工所期望的条件。所以，在招聘员工时，首先就要说明企业的状况及企业文化，选择对此认同的人才留下来并肩作战。

如果员工不能认同企业文化，他肯定也不能融入公司的文化之中。这样，企业就会出现内耗的情况。即使每个员工都很有能力，但是由于大家的力量没有向着相同的方向去努力，最终的结果只能是导致企业的合力变小，员工貌合神离。

企业的市场竞争准确地讲就是文化品牌的竞争。一个企业只有坚持一直走自己的路，只有坚定不移地去执行所信奉的理念，才能形成自身强大的核心竞争力，才有可能在激烈的市场竞争中占据一席之地。

小结

我们都明白这样一个道理：假如在一个你不满意的环境里，你的工作积极性肯定会降低，这样你的工作质量和工作成绩都将会受到相应的影响，甚至导致你自己工作的失败。而决定一个企业工作环境和工作氛围的就是企业文化。

一个人在选择在一家企业时，实际上他选择的是一整套的包括价值观念在内的企业文化和理念。如果不能认同企业的文化和价值理念，又怎能在今后的工作中认真努力地完成自己的任务呢?

所以，要想自己有发展、有前途，首先要认同自己所就职企业的文化，这是你迈向成功的第一步。

2.3.3 感激你的工作，因为它才能成就你

刚毕业初入职场的我们，虽然薪水不是很高，职位起初也多是位居他人之下，但我们不要计较这些，当你的才华还撑不起你的野心时，就要懂得在工作中多磨炼自己的意志，提高自己的能力。

我们要具有“空杯”精神，这样才能学到更多的东西。要学会将心态归零，学会感激工作给你的一切，感谢每一次的工作机会，不管是好的还是坏的都是一种学习和历练。

怀着一颗感恩的心可以改变我们的一生。如果你每天用感恩的心态去工作，不管工作内容多么辛苦，你都会觉得特别快乐，也一定会有很多意想不到的收获和惊喜。

我们要明白，工作为我们提供了一个发展的平台，一个展示自己能力的机会，在这个平台上我们可以尽情地施展才华，成就自己，所以我们要心存感激，感激工作带来的一切。

案 例

一位应届毕业生入职了某公司的研发部门，其实在面试时，他的能力并没有达到岗位要求，但研发部主管觉得他可塑性比较强、态度谦虚、为人谨慎，破格录用了他，试用期3个月，考查他的表现。

因为是破格录用的，所以他非常感激研发部主管，在工作上非常努力、勤奋、认真，经常下班之后还在学习工作技能，向老员工学习经验，每天深夜才入睡，希望尽快提升自己。经过3个月的不懈努力，在试用期的能力考评中，他的成绩突飞猛进，进步非常迅速，比同时进来的其他新员工要优秀得多。

后来，有同事问他，为什么你进步这么快，他说他感激这份工作，感激工作带给他的一切，感激他的领导给他的机会，所以他不能辜负这一切，必须努力，因为自己进步才是给领导最好的回报。

案例解析

真正的感恩是发自内心的、非常真诚的，不会因为某个目的而去感激，所以不管工作如何辛苦，都不会觉得累，因为他能从工作中寻找到快乐。感恩是一种深刻的认识，在上述案例中，这位毕业生是真正心怀感恩，每天学习到深夜都没有任何抱怨，反而更加努力，最后公司也给了他应有的回报，同事和领导对他的一致认可也增强了他的自信心。他的这种精神，值得学习。

小结

一个人如果没有一颗感恩的心，他的生活和工作状态可能会非常糟糕，他很难觉得快乐，往往会对他身边所有的事物都感到不满、挑剔，甚至厌烦。这样他的心态就会失去平衡，每天的心情波动很大，他对工作也不会那么专注，注意力也会被其他烦琐的事情分散，从而影响自己的工作。

相反，如果你把注意力都集中在正能量的事情上，常常怀有一颗感恩的心，感谢你的工作，感谢你身边遇到的人，那么你将更有可能变成一个积极、乐观、有作为的人。

2.3.4 把优秀当成习惯，你会越来越强大

在生活或者工作中，养成一个好的习惯可以改变我们的一生。习惯的力量是非常巨大的，它会成为人们行动的一种惯性。我们每天重复着同样的生活和工作，这些大量的重复行为往往是出于自己习惯的支配，这种行为习惯很难改变，因为这是在日积月累的过程中所形成的。

所以，当我们想拥有某个优秀的行为时，要经常去有意识地训练它，把优秀的行为变成一种习惯。

案例

已经进入职场两年的小张，目前在某公司的技术部担任技术主管。两年内，从一名实习生蜕变成了一个部门的主管，这多亏他有一些良好的习惯，并一直保持这些习惯。

有人说：白天八小时决定现在，晚上八小时决定未来。小张每天晚上都会用3个小时的时间看书，学习新知识和技能，所以他的能力比其他同事提高得快。别人晚上的时间在聚餐、看电视、玩游戏，而小张在学习，从而提升自己。

小张每周都会爬山两次，锻炼身体，缓解与释放工作压力，这对小张的影响也比较大。这样的行为习惯能给小张一个好的工作心态、一个健康的心理环境，使他变得越来越强大。

案例解析

小张这些优秀的行为逐渐变成自己的习惯后，对其生活、工作、晋升都非常有帮助，他的未来一定会越来越好。所以，年轻人要努力克服自己的“懒惰”，优秀的行为习惯一定要努力保持，这最终也会成就你自己。

实践练习

我们应该如何培养自己的优秀习惯呢？

优秀的员工之所以受同事欢迎、老板器重，原因之一是他们往往有

一些良好的习惯。下面以图解的形式分析如何培养自己的优秀习惯，如图2-19所示。

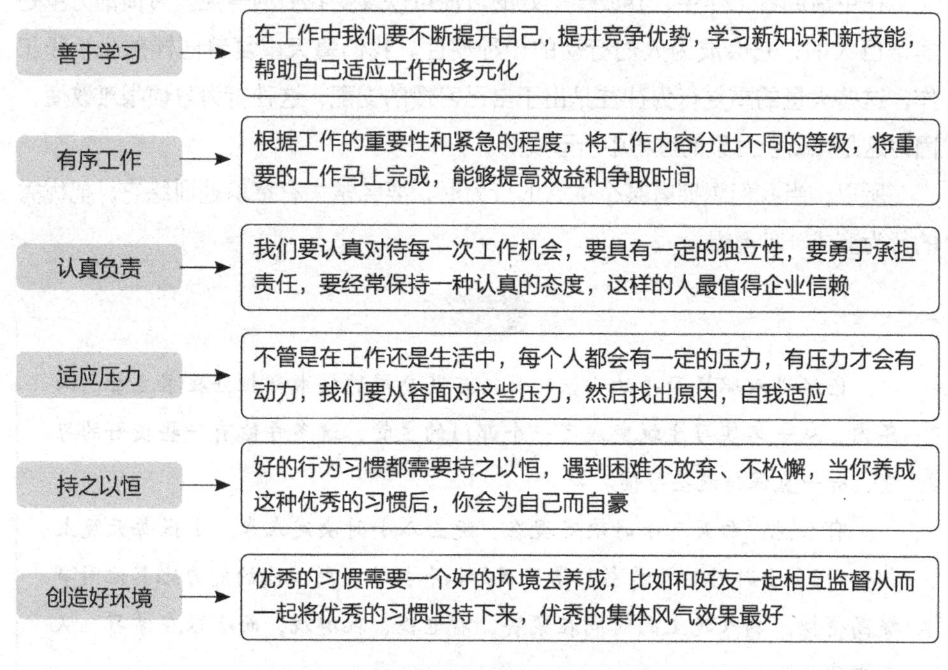

图2-19 培养自己优秀习惯的6种方法

小结

要想使自己越来越优秀就一定要养成优秀的行为习惯，没有人天生就拥有超人的智慧和能力，都是通过自己后天的努力、锻炼出来的。成功的捷径就在于这些从小养成的良好习惯，养成良好的习惯有助于我们事业的成功。

2.3.5 加倍付出才会有加倍收获

天才都是百分之一的灵感加上百分之九十九的汗水，一分耕耘一分收获，加倍付出才会有加倍的收获。在职场中，只有懂得付出、奉献，成长的路上才不会孤单，才会有良师益友相伴，这样的职业观才是正确的。

案例

发明家爱迪生花了近十年的时间去研发和制作镍铁碱性蓄电池，其间不断有人打击他，许多亲人朋友也劝他放弃，他自己在研发的过程中也失败过很多次，但他依然花费自己的时间和精力去研发，不被周围的人所影响、动摇。

爱迪生在经过了数万次试验后，终于成功研制出性能更加良好的蓄电池。

案例解析

爱迪生花了十年的时间去研制蓄电池，不管中途遇到了多少困难、阻碍，他都没有放弃，正是因为这种加倍付出、加倍努力、持之以恒的行为，才使他获得巨大成功。

小结

职场是一个有付出才会有回报的公平场所，做任何事情都不容易，我们只有懂得付出才会有意想不到的收获。

新人刚入职场要学会付出，当你努力去完成一项任务的时候，在这个过程中所经历、学到的经验，最终的收获是你自己的，成就也是你自己的。

2.3.6 毕业不是学习的结束，而是学习的开始

很多毕业生好不容易等到了毕业，常常会有这样的想法：终于毕业了，在学校学习了那么多年，终于不用再拿课本上课了。

其实，这种想法是错误的，从学校毕业只代表一个阶段的学习结束了，而职场是一个社会大学，在职场中的学习有可能比在学校的学习更重要。因为职场中的学习是教会你如何立足社会，我们要倒空自己，这样在职场中才能接纳和学到更多的东西。

很多人进入职场之后依然在学习，因为这是一个变化很快的时代，你不努力学习往往就会被社会、被职场、被企业淘汰，所以很多职场人下班后依然在学习。有参加专业培训的，有提升学历的，有拓展能力的，有参加职业资格等级证考试的，他们都在为使自己能拥有一个更好的未来而努力奋斗。

案例

一位传媒专业毕业的女孩进入一家广告设计公司，任职某设计师的助理，从助理岗位开始学习设计经验。由于刚开始很多东西都不会，带她的设计师有点嫌弃她，没有给她安排太多的设计工作，只是让她做一些琐碎的事情。女孩并不在意，每天都认认真真地做事，下班后还会留在办公室向其他同事学习设计经验。两个月后，女孩的进步很大，但设计师依然不看好她。

有一次，公司接了一笔很大的广告设计业务，总经理让设计师带女孩一起去和对方洽谈。洽谈过程中，对方看了设计师的作品，觉得效果不理想，不想签合同，女孩在旁边说："我们还准备了一份设计，您愿意看看吗？"

设计师听后觉得女孩太天真了，但对方表示愿意看一下她的作品，女孩拿出了自己晚上加班赶出来的设计方案，对方表示很满意，于是顺利签了合同。

第二天上班，总经理表扬女孩为公司争取了一笔大业务，从总经理的眼神中，设计师看出他对女孩很满意。

设计师感觉自己在公司可能地位不保，在女孩接二连三接签了几笔大订单后，他的业绩节节败退，最终只好离开公司。

案例解析

上述案例给了我们深刻的启发，作为刚入职场的新人，女孩能力并不出众，但她愿意学习、愿意吃苦，最终自己的能力超过了自己的上级。

而作为职场的"老鸟"，如果不学习、不进步，就很容易被企业淘汰，被其他新人超越，断送自己的大好前程。

小结

进入职场后，由于社会环境和工作内容的不断变化，工作本身对我们提出了更高的要求，如果我们不继续学习，往往无法胜任自己的工作，所以我们要经常给自己充电，用高标准、高要求来激励自己，这样对自己的成长也是有益的。

第3章

职业跃迁：从情感导向到职业导向的修炼

学生的个性往往比较突出，表现比较情绪化，对一件事情的态度感性大于理性，与职业人的理性行为截然不同。基于此，本章主要介绍情感导向向职业导向的转变，帮助大家从感性向理性转变，成为一个具有高度敬业精神、注重职场规则的职业人。

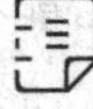

3.1

心态转变，让你在职场中步步高升的秘密

学生时代的我们，如果心中有气、有抱怨、有牢骚，可以随心情发泄，所有的喜怒哀乐都可以向同学、朋友倾诉。

而在企业中，很多时候是要讲场合、讲分寸、讲对象的，更多的是要自己学会排解这些不满情绪，然后理智地处理。

生活和职场中有时会有不公平的现象发生。在学校遇到不公平的事，你可以发泄不满，所有的情绪都可以在脸上表露出来，但进入社会后，许多时候要学会忍耐、承受，并宽容地对待，否则有可能造成无法预料的后果。

在学校里，你交往的对象主要是各方面与你没有多大差别的同龄人，你可以凭兴趣交友，喜欢谁或者不喜欢谁都可以表现出来。

但在企业中不同，与什么人交往要以工作为依据，工作上接触、打交道的人不管是什么样的，也不管你是否乐意与他交往，你都要学会与对方沟通、交流，甚至对你不喜欢的人你也要表现出很平常的样子，不能将不满的情绪表现在脸上，这样才能体现出你的高情商。

在学校里你犯错误，别人通常会谅解你，人们往往会说：还是学生嘛，经验不足，不要计较那么多。但当你成为一名员工时，就要为自己的言行负责，承担相应的行为后果，因为你的言行直接影响他人甚至企业的利益。

在职场中自己犯的错要自己承担后果，要学会摔倒了自己站起来，这样你才会成长。

3.1.1 千万别糊弄工作，我们应该这样干

企业给了我们一份工作，这份工作是一个能展示我们才华的舞台，在这个舞台上我们通过自己的努力，可以成就非凡的自己。

我们从小努力读书，付出的汗水往往是为了今后能在工作的舞台上大放光彩，活出精彩的人生。工作能给我们充实感、安全感，能让我们实现自己的人生价值，活出我们理想中的样子。

所以，我们要认真对待自己的工作，从工作中积累的经验、收获的技能才是最宝贵的，这种经历是自己最大的成长。如果你以懒散、得过且过的心态来面对工作，那么最终你可能会变成一个碌碌无为的人。

案例

小杰毕业后入职了一家化妆品公司，岗位是新媒体编辑，试用期3个月。前两个月小杰的工作态度都比较懒散，积极性不高，主动性也不强，写出来的文章还经常出错，小杰的老板对他试用期的表现很不满意，准备试用期结束后辞退他。

在试用期第三个月刚开始时，小杰问老板："如果这个月我努力工作，态度良好，表现积极，我能转正吗？"老板回答："你的问题，好比在一个阴冷的房间放了一个温度计，虽然你用手焐热了温度计，使温度计表面的温度升高了，但这都只是表面现象，真实的房间一点都不温暖。"

案例解析

其实，在我们身边有很多像小杰这样糊弄老板、糊弄工作、糊弄自己的人，他们并没有意识到这种行为给自己带来的负面影响。长期心思飘忽、烦躁不安的情绪对我们的职场生涯危害很大，一个好高骛远不能踏踏实实安心工作的人，怎么能做出优秀的业绩？如何能在职场中发挥出最大的价值呢？

正确的做法是：小杰应该踏踏实实、安安心心地工作，从试用期第一个月开始就认真对待工作，不糊弄老板，也不糊弄自己，不浪费青春和时间，用自己的能力证明给所有人看。

用最好的状态来面对工作，对工作富有激情，对自己严格要求，争取每天都能进步一点点，日积月累后的你一定会更加优秀，也会得到老板的认可，获得应有的报酬和更多的晋升机会。

知识放送

糊弄工作对我们的危害有多大？

前国足教练米卢曾说：态度决定一切。不仅是对足球，对待任何工作都是一样的道理。在工作岗位上，一个人对待自己工作的态度，决定了他的职业高度，反映了他的人品和志向。

工作就像是一面镜子，你如何对它，它就会如何对你。糊弄工作是一种投机取巧的行为，如果你养成习惯，长期下去，你离成功也会越来越远。种什么因得什么果，糊弄工作其实就是在糊弄你自己。

在职场中，我们要摒弃散漫、马虎、不负责任的工作态度，如果你对任何事情都是敷衍了事的态度，那么你的同事和老板都不会喜欢你，你的人生也可能会一事无成。下面以图解的形式分析糊弄工作对我们的危害，如图3-1所示。

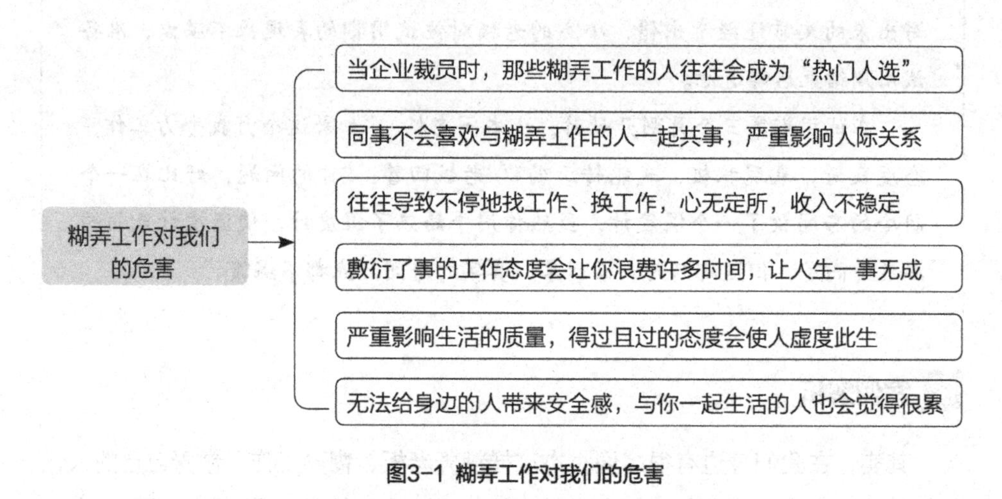

图3-1 糊弄工作对我们的危害

实践练习

我们应该如何养成良好的工作习惯？

工作不只是完成工作任务，它最大的价值应该是成就自我，实现理想和抱负，使自己拥有不一样的精彩人生。所以，我们要养成良好的工作习惯，不糊弄工作，远离工作中不良的情绪和习惯。

当我们刚刚进入职场时，应该如何养成良好的工作习惯呢？如图3-2所示。

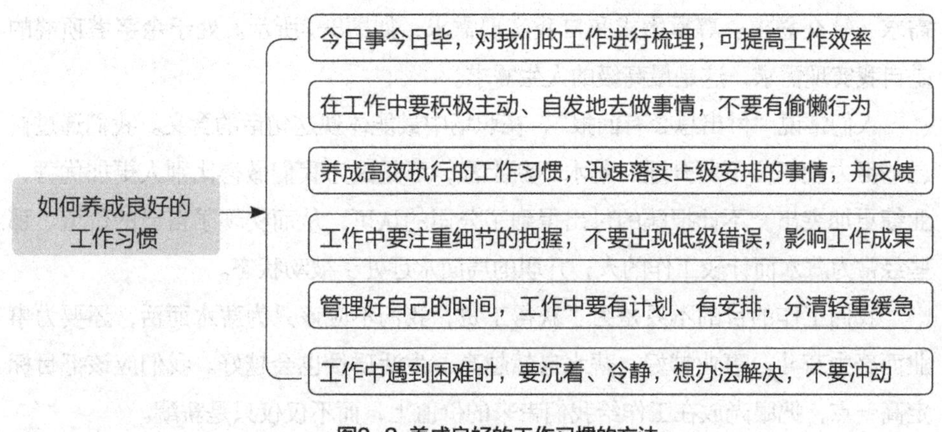

图3-2 养成良好的工作习惯的方法

小结

我们在职场中不要做工作的奴隶，要学会做工作的主人，把工作当成自己的艺术品去雕琢，认真对待工作中的每一件事情，这样才容易出成绩。要养成做事竭尽全力、善始善终、尽善尽美的习惯，这样才能从工作中感受到快乐和成就感。

3.1.2 工作的目的是什么，不仅仅是薪水

在职场中，你觉得工作是为了什么？为了高工资，为了满意的福利，为了高级的头衔，还是为了未来的发展？其实这些都对，但是又不全对，因为物质只是工作的一种回报方式，更重要的是在工作中得到了精神上的满足，这才是工作的意义。

我们工作的目的不仅仅是获得生活所需，提高生活质量，更重要的是工作能满足我们的心理需求，这种精神层面的满足才是最高级的，我们通过工作可以不断地实现人生的梦想和价值。

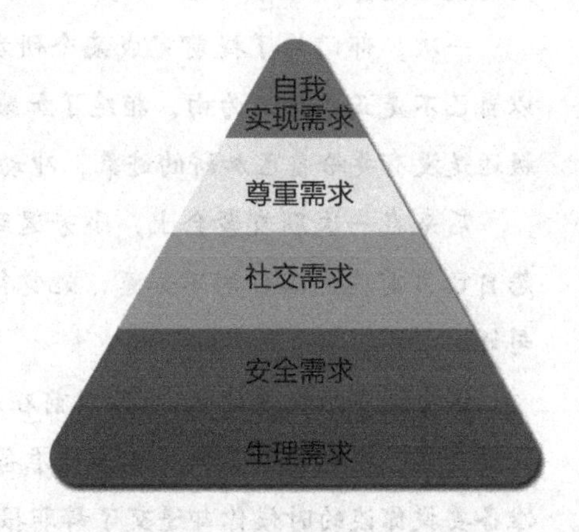

图3-3 马斯洛的需求层次理论

马斯洛的需求层次理论是人本主义心理学的理论之一，他将人类的需求从低到高按层次分为五种，分别是：生理需求、安全

需求、社交需求、尊重需求和自我实现需求，如图3-3所示。处于金字塔顶端的是自我实现需求，这是最高级的人生需求。

人们常说“付出总会有回报”，在职场中最能体现这句话的含义。我们通过自己的努力使职位不断升迁、薪水不断上涨，那是因为我们做得比别人更加优秀、业绩更加突出，不计报酬的付出得到了公司的认可，从而实现了自己的价值。那些经常为薪水而计较工作的人，升职的局面永远处于被动状态。

我们工作的目的不只是为了获得工资，我们不应该只为薪水而活，还要为事业而努力奋斗。事业越好，薪水自然越高，生活质量也会越好。我们应该把目标定高一点，把眼光放在工作给我们带来的价值上，而不仅仅只是薪酬。

在工作上如果功利性太强，既成不了大事，也赚不了大钱。

案例

小芳大学的专业是计算机应用，毕业后在一家研发公司实习，做技术部的实习生。试用期是6个月，试用期内薪水不高，如果做得好，转正后可以加薪。

小芳初入职场，工作热情饱满，积极性很高，每次做完自己的工作，还帮助其他老员工一起做事。由于小芳的自学能力很强，经过两个月的锻炼，基本可以独当一面，但目前公司给的薪水实在低了点。

自从小芳在心里有这个想法以后，她在工作上的态度转变很大，没有以前那么有干劲，对待工作也没有以前那么认真、细致，有时候对老员工的态度也没有以前那么友好了。

一次，部门为了提前完成某个研发项目，需要大家加班工作。小芳却以自己不是正式员工为由，拒绝了加班的要求。小芳实习了4个月后，看老板还是没有要给自己加薪的迹象，冲动之下递交辞职报告，离开了公司。

后来在一次朋友聚会上，小芳遇到了以前公司的同事，她还向同事抱怨自己目前这份工作的不如意，她觉得工作环境、同事关系都没有以前公司好。

这个同事很惋惜地说：“你以前在我们公司实习的时候，老板看你工作认真踏实，人也聪明伶俐，本来是准备在第5个月给你提前转正加薪的，刚准备要找你谈的时候你却递交了辞职报告。”

案例解析

在职场中，像小芳这样的员工也有很多，会因为收入差距而产生离职的想法，没等到老板加薪就递交了辞职报告，没有耐心再继续坚持。如果小芳不端正好自己的工作态度，就算是换一份工作也做不长久，所以薪资上难有大的变化。

正确的做法是：在职场中，我们要调整好自己的心态和工作状态，要明白工作本身给我们的回报要远远大于工资的回报，在工作中你学到的经验、能力的成长，才是最大的收获。

当我们的收入与付出不对等时，请你再耐心一点，再坚持一会儿，说不定下一个升职加薪的人就是你。是金子总会发光，老板会看得到我们的努力与付出，只要自己能力提高了，能为公司创造更多价值，薪水自然会涨高。

知识放送

初入职场薪水较低时，我们应该学会沉淀和积累经验

如果你总在工作中抱怨自己的工资低，和别人做同样的事情而薪酬差距却那么大，这个时候你应该静下心来反思，是不是自己的某些工作做得不好，自己的行为是否有失误，人际关系是不是处理得不好，工作绩效和表现是否还未达到领导的要求。

如果经过这一系列的总结和反思后，你觉得自己没有问题，工作做得都还不错，领导也非常认可。那么这个时候，你应该要学会沉淀和积累经验，在自己的工作岗位上好好学习和弥补自己的不足，从工作中取得收获。那么具体的收获有哪些呢？举例如下。

★ 老板给你安排的工作，可以锻炼你的能力和意志；

★ 与同事共同完成某个项目，可以提升你的团队精神；

★ 与客户进行交流，可以锻炼你的沟通能力，提高你的情商。

实践练习

关于工作报酬，我们如何转变工作的态度？

我们从一个人对待工作的态度就可以判断出这个人的品德修养怎么样。每个人对待工作的努力程度不同，薪酬水平自然不一样，企业也是通过个人的业绩、能力对员工进行升职加薪的。

老板的眼睛往往是雪亮的，踏实、努力、肯干的员工，老板们自然会更加珍惜。千万不要担心自己的努力别人看不见，将计较这些的时间和精力花在工作上会让你收获更多。

当我们的薪水收入与付出的努力不对等时，我们应该如何转变工作态度呢？如图3-4所示。

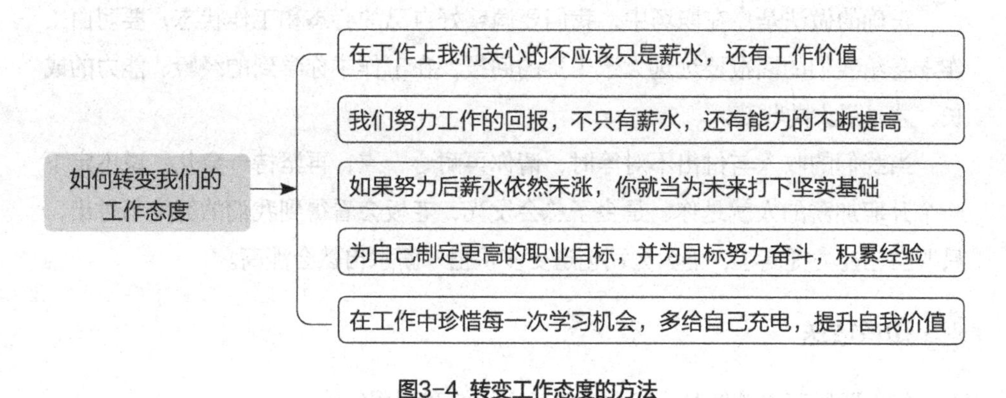

图3-4 转变工作态度的方法

小结

是金子总会发光，初入职场的我们不要花太多的时间去计较薪酬的多少，成功总有一个积累的过程，我们应该时刻提醒自己要努力工作，为自己的现在和将来积累经验，提升专业能力和技巧，让自己能够独当一面，这些才是你要关注的。

从一个刚毕业的新手成长为一位职业精英，这其中的收获比薪酬重要得多。所以，我们要把眼光放长远一点，不要总是去计较老板能给我们多少薪水，而要看我们在企业能获得怎样的提升。

3.1.3 将工作当成自己的事业，培养事业心

事业心是指将自己的工作当成事业去做，事业心是一种心理状态，如果我们拥有强大的事业心，在工作上就会不断进取、不断努力，会想办法克服一切困难去达到我们的职业目标。这种潜能是无穷大的，还会随着我们年龄的增长而提高。

进入职场后，我们要有努力成就一番事业的进取精神，这是一种极好的心理状态，拥有事业心的人，他们往往认为事业的成功比物质报酬等奖励更让人开心，更让人有成就感。

事业心不只是完成好某一项工作，它是一种精神情感，是我们对工作的一种信念，希望能努力成就一番事业。不管你从事何种工作，有了事业心，做事才有责任心，才会产生积极效应，才能激发潜在的主动性和创造性，让自己变成一个优秀、出类拔萃的人。

事业心不强的人在工作上往往也会缺少责任心。那么，事业心不强是什么导致的呢？下面来分析一下原因，如图3-5所示。

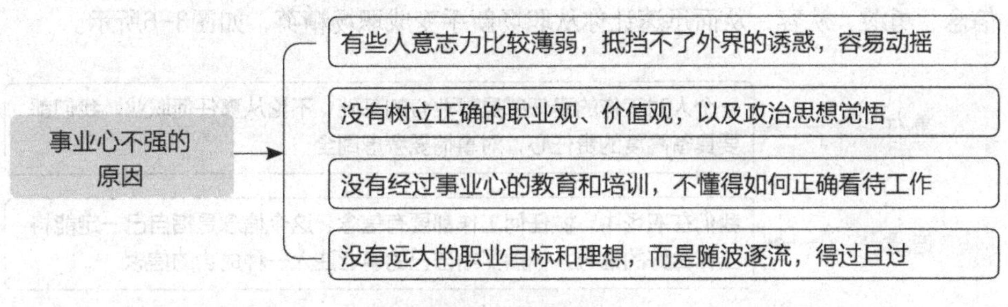

图3-5 事业心不强的原因

案 例

有一位本科毕业生毕业后去当理发学徒，他以后想开一家理发店，而家人和朋友都为他惋惜，理由是这种工作“没出息”，劝他放弃。可是这位毕业生却壮志满怀，还特地写了副对联勉励自己。上联：理世上万缕青丝。下联：操人间头等事业。横批：把工作当乐趣。

他认为，理发工作也是就业谋生的一种手段，世界上没有没出息的行业，只有没出息的懒汉。

一年后，他开了一家理发店，他把精力倾注到提高理发技术和改善服务质量上，有空就去向有名的师傅请教，到街上观察过往行人的各种发型。后来，他成了远近闻名的高级理发师，生意越来越好，分店也越开越多，亲朋好友也改变了原来认为他“没出息”的看法。

案例解析

上述案例向我们说明一个深刻的道理：职业不分高低贵贱，我们在选择职业时，培养强烈的事业心才是最重要的。这种强大的心理状态是我们从事任何职业都不可缺少的重要精神条件。把工作当成自己的事业去做，拥有一颗强大的事业心，你能挖掘出自己无限的潜力。

实践练习

我们应该如何培养自己的事业心？

一般公司的高层领导都拥有一颗强大的事业心，正因为有事业心，他们的能力和表现才如此突出和优秀。我们可以从4个方面来培养自己的事业心——责任、信念、勇敢、从容，从而迅速让你从职场新手变成职场精英，如图3-6所示。

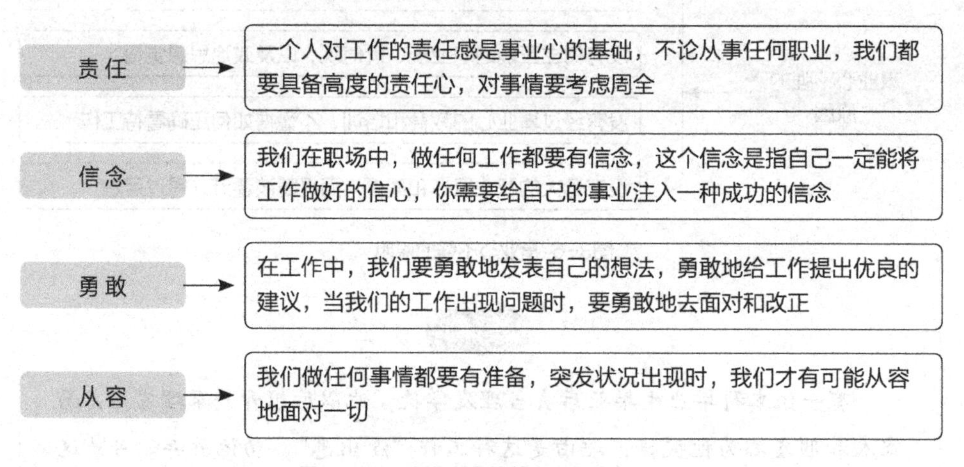

图3-6 从4个方面来培养自己的事业心

小结

凡是接手的工作，我们都要把它当成自己的工作来做。解决问题要讲究方法，要利用自己的优势，做出比别人更好而又让别人想不到的效果。

也许有的人会说我并不想升职或是做老板。即使这样，饭碗也总是要保住的吧？如果没有强烈的事业心，你就不可能做好工作，而在这个竞争激烈的市场环境中，企业是不会允许一个只想糊弄的员工存在的。

不管你从事的是何种工作，拥有事业心都是做好本职工作的前提。

3.1.4 每一件大事都是由一件件小事促成的

人们在接受工作任务时，都会在自己的潜意识中给工作一个定位：这件事到底值不值得，有没有意义。这有时已经成了人们评判一件事情的习惯。

当人们觉得这件事情不值得去做或者认为完成的是一件小事情时，往往不会有好的心态去面对，没有好的心态就做不好事情。

其实，在我们的日常工作中，几乎都是由一件件的小事组成的，如果自己连小事都做不好，那大事就更做不好，如何谈事业的成功。

当我们初入职场的时候，领导给我们安排的通常都是小事，考查我们有没有能力去做好。如果你能完成好领导交办的任何一件小事，慢慢地领导会给你安排一些重要的事情，需要你承担一定的责任，这样也能进一步锻炼你的能力。

如果你连小事都完成不好，领导如何放心交给你其他重要的事情呢？所以，每一件大事都是由一件件小事促成的。纵观那些成功者，其实他们每天都在面对着一些小事，但不同之处在于他们从不认为自己所面对的是小事，而对任何一件事情都极其重视，全力以赴。

不要讨厌小事情，用小事堆积起来的工作才能慢慢形成大事业，工作中没有哪一件小事情是无意义的。每个人在自己的岗位上各司其职，努力扮演好自己的角色，完成好工作中的每一件事情，承担起自己应尽的责任，这样的工作才是有意义的。

案例

有一天，一位女士从A品牌汽车销售中心出来，走向了隔壁的B品牌汽车销售中心，一位B品牌的业务员接待了这位女士。

这位女士本来是想买一辆A品牌的车，但前台接待对她说他们的业务负责人暂时不在，请女士半小时后再过来，所以这位女士只好先来看看B品牌的汽车。

尽管如此，B品牌的业务员还是热情地接待着这位女士。女士对B品牌业务员说，今天是她的生日，她想买一台白色的A品牌汽车送给自己，作为生日礼物。

B品牌业务员首先祝贺这位女士生日快乐，随后转向身边的同事交代了几句，然后领着女士观赏一辆辆的新车，边看边进行详细介绍。在来到一辆白色车前时，业务员对女士说："既然女士这么钟情于白色，这一款白色车就很不错。"就在这时，同事捧着一束鲜花过来送给了女士，再次对她表示生日的祝贺。

女士很受感动，用激动的口吻说："先生，太感谢您了，我已经有很久没有收到过鲜花了，而且花还这么漂亮。"后来，女士表示她也不一定要买A品牌的车，B品牌的车也很不错。

最后，女士就在业务员这里买了一辆白色的B品牌的轿车。

案例解析

这位B品牌的业务员对女士表示了生日的祝贺，还安排同事送了一束鲜花给女士作为生日礼物，捕捉到了女士对于白色汽车的喜爱，这一种对细节的观察和把握。看似是一件微不足道的事情，但正是这种对待顾客细心、贴心的行为感动了顾客，最后促成了交易。

每个人的工作都是由一件件小事组成的，我们要用积极的心态面对工作中的一切小事，这样才能在职场中步步高升。

小结

很多时候，一件微不足道的小事能改变一个人的命运。工作中注重细节，最容易抓住人心，这种良好的工作态度和行为习惯一旦养成，会给自己的工作带来巨大的收益。小事成就大事，细节决定成败。

在企业中，领导之所以能成为领导，往往因为他们比别人更关注细节。俗话说细节决定成败，在日常的工作中，我们一定要养成注重细节的习惯，这样可以减少工作中许多不必要的错误。从点滴小事做起，转变心态，不断坚持，相信你的职场道路会越走越顺，越来越好。

3.2 情绪修炼，为什么正能量员工升职都很快

情绪是我们表现出来的一种心情状态，它就像人的影子一样，每天与我们紧密相连。情绪也会影响我们的精神、行为以及工作结果。

人的情绪是不断变化的，我们可以将情绪分为两大类，一类是积极的情绪，一类是消极的情绪。如何控制好自己的情绪，多创造积极的情绪，远离消极的情绪，是我们必修的一堂课程。

我们要学会做情绪的主人，要管理好自己的情绪。控制好情绪可以提高我们的情商，会给我们的工作带来积极的影响。

大学时代的我们，经常会因为情绪的影响，而做出一些不理智的行为。例如，小娟高考时以第一名的成绩考入了上海某重点大学，第一学期期末考试时，她以为自己能拿学校的奖学金，结果考试成绩不尽如人意，从此变得郁郁寡欢，学习方面也不上心，成绩一落千丈，后来去医院的精神科检查，诊断结果是她患了抑郁症。

据相关专家分析，根据对大学生抑郁症的抽样调查结果显示，大学生患抑郁症的概率为23.66%，其主要原因是缺少挫折锻炼，心理承受能力不佳，自信心不足，心态不稳定，容易受情绪的影响，也不爱与人沟通，严重的会影响生活、学习。

积极的情绪能给我们带来满满的正能量，在职场中为什么正能量的员工往往升职都很快？为什么我们身边的管理者身上几乎都自带正能量？这是需要我们深入思考的。

积极的人能使周围的人也变得积极、乐观，企业中需要正能量的员工，他们能对工作氛围产生积极的影响，老板也需要正能量的管理者来带领下属完成工作任务，正能量的团队更有可能创造高绩效。

3.2.1 消极情绪是工作的绊脚石

一个把消极情绪带到工作中的人是难以集中精力工作的。不好的情绪就像一片乌云，会遮住工作中的阳光，让人时刻处在一种焦虑之中，这自然会给工作带来不稳定因素，从而影响工作的质量。

案例

小娜是某高端写字楼管理的办公室接待员。有一天，在上班的路上，由于上班高峰，地铁里人很多很拥挤，她走出地铁后，发现自己的包被小偷用小刀割开了，刚买的手机不见了，再加上价值不菲的名牌包坏了，这下损失可大了。

小娜只好自认倒霉，垂头丧气地进了办公室。由于丢了手机，贵重的皮包又被划破，小娜的情绪差极了。她刚坐到座位上就有一个电话打了进来，一想到自己刚刚经历的烦心事，她抓起电话没好气地问："你是谁呀，这么讨厌，一大早就打电话来，烦不烦啊?"对方一听就把电话挂掉了。

过了一会儿，领导叫小娜到他的办公室去一下。小娜满脸阴云地来到领导办公室，领导一看见她就说："刚才接到客户投诉，本来我还不太相信客户的话，因为你都工作这么长时间了，应该知道怎么对待客户。现在看你情绪这么差，那肯定就是你的问题了。"

原来，刚刚那个电话是一个要租写字楼的客户，本来要租很大的面积，租期也很长，可是看到小娜的服务态度这么差就给领导打电话投诉，而且表示不会考虑租他们的写字楼。

领导对此十分生气，狠狠地批评了小娜一顿，不但扣除了她当月的奖金，还对她进行了通报批评，原因就是她没有很好地管理好自己的情绪。

案例解析

上述案例中的小娜，由于自己的不良情绪而影响了工作，从而影响了自己的前途，这是非常不值得的，也是不应该出现在职场中的现象。小娜的心情是可以理解的，但是把这种情绪带到工作中就是她的不对了。

一个带着情绪心不在焉工作的员工，工作中总会有这样或是那样的疏忽，不知道什么时候就可能出现致命的错误，导致企业的名誉受损，自己的利益也受到损失。

正确的做法是：应该及时调节好不良情绪，将不愉快的情绪挡在工作之外，不能成为情绪的奴隶，影响工作质量。员工带着情绪工作是做不好工作的。

所以，作为一个聪明、高情商的员工，绝不要把消极的情绪带到工作中，这样对自己和企业都是一件不好的事情。

实践练习

进入工作场所前，我们如何处理不良的情绪？

在生活和工作中，难免遇到一些让我们不如意的事情，比如一些事情不能够达成，一些愿望不能够实现，我们的亲朋好友出现了不好的状况等。遇到这些事情难免会有情绪，关键就在于怎么对待情绪，怎么在工作之前就处理掉这些情绪。

通过对一些出色员工的调查，结果显示有以下几点是值得我们学习和借鉴的，如图3-7所示。

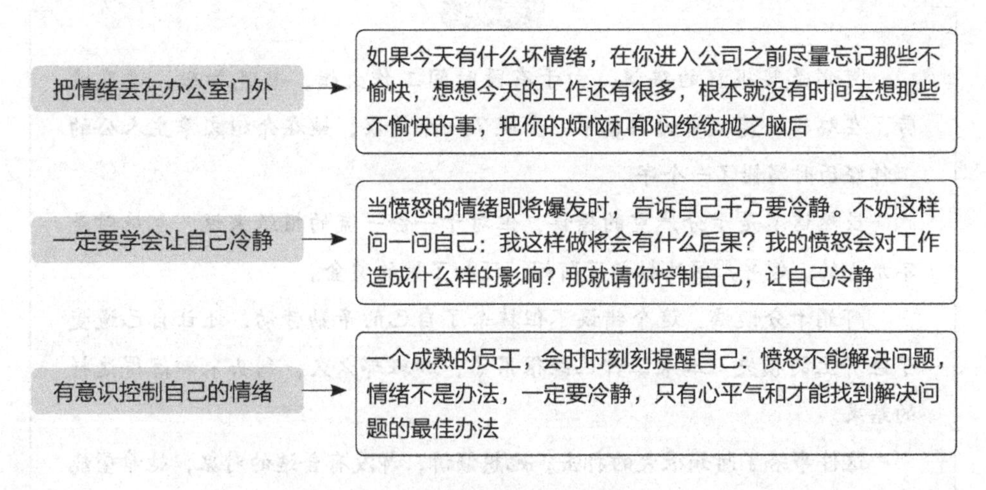

图3-7 在工作之前处理掉不好的情绪的方法

小结

很难想象，一个带着消极情绪的员工怎么能够始终如一地高质量完成自己的工作，更不要说做出业绩了。消极情绪就像工作的绊脚石，只会给工作带来无穷无尽的麻烦和损失。

所以，我们要成为情绪的主人，要有掌控情绪的能力。进入工作场所时，要学会把负面情绪丢在门外，不要带入工作中，否则会给我们的工作带来意想不到的严重后果。

3.2.2 管理自己的情绪，做情绪的主人

工作以外的情绪我们可以留在办公室外，可工作中的情绪呢，我们该怎么处理？我们一生中的时间，相当一部分是在工作中度过的，在我们每天的工作中，难免会有大大小小的问题和随之而来的麻烦。

几乎每一个人在工作中都经历过挫折，同样，几乎每一个员工都曾因为工作产生过不良情绪。既然工作中难免有情绪，而带着情绪工作又会影响工作质量，那我们该怎么解决这个问题呢？

接下来看一个案例，或许会给我们一些启发。

案例

阿娟是某报社的编辑，由于有段时间工作太忙，整晚加班，过度疲劳，在编辑一篇文章的内容中，出现了一个错误，她在介绍文章主人公的工作经历时写错了一个字。

虽然这不是十分严重的错误，但对于一份一流的报纸来说，也绝对是不允许的。领导严厉地批评了阿娟，还扣了她的奖金。

阿娟十分懊恼，这个错误不但抹杀了自己的辛勤劳动，还让自己遭受了经济上的损失。本来工作已经很累了，加班那么久，到头来却落得这样的结果。

这件事给了阿娟很大的打击。她想倾诉，却没有合适的对象，她希望能够发泄，却没有合适的出口。阿娟觉得自己快要崩溃了，情绪特别差。

有一个老编辑看到她这样，就对她说："你不用这样难过，谁都会在工作中出现错误，关键是你怎么看待自己的错误。只要你记住教训，下次不再犯相同的错误，那就是进步。如果你不能从你的情绪中走出来，我告诉你几个办法，这也是我经常会用到的，效果还不错。"

老编辑接着说："有时候情绪就像工作中的垃圾，需要及时清理，只有这样才能使自己的工作更加顺利、轻松，你要学会清理情绪垃圾。"

听了老编辑的话，阿娟的心情好多了，及时调节不良情绪，摆正了工作心态。

案例解析

工作中的情绪会影响我们的工作质量，它就像垃圾一样，我们要及时处理掉它们才行。

上述案例中，阿娟因为工作的失误，被领导责罚，从而产生了不良的垃圾情绪，后来经过老编辑的心理疏导，及时调节了不良的情绪，摆正了工作心态，这一点值得大家学习。

当工作中产生不良情绪时，我们要想办法积极面对，正确处理，及时调整好自己的心态，多给自己正能量。

实践练习

如何调节工作中的垃圾情绪？

在工作中，我们要及时赶走坏情绪，以免带来危害，下面几条建议也许对大家有用，如图3-8所示。

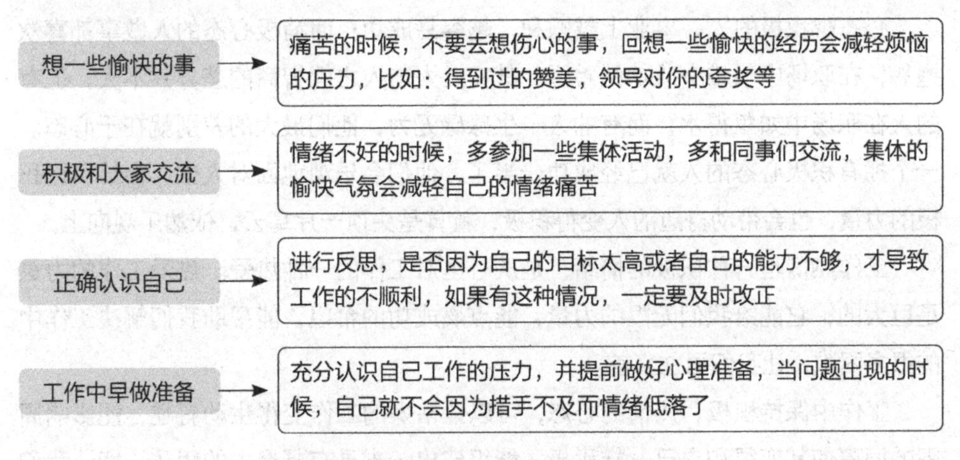

图3-8 调节工作中的垃圾情绪的方法

如何管理自己的情绪，打造职场自信心？

在职场中，我们很难改变社会环境，但我们对于自己的情绪是可以进行有效控制的。我们可以通过提高自己对情绪的认知，管理好自己的情绪，提高职场自信心。下面介绍几个管理自己情绪、提高自信心的方法，如图3-9所示。

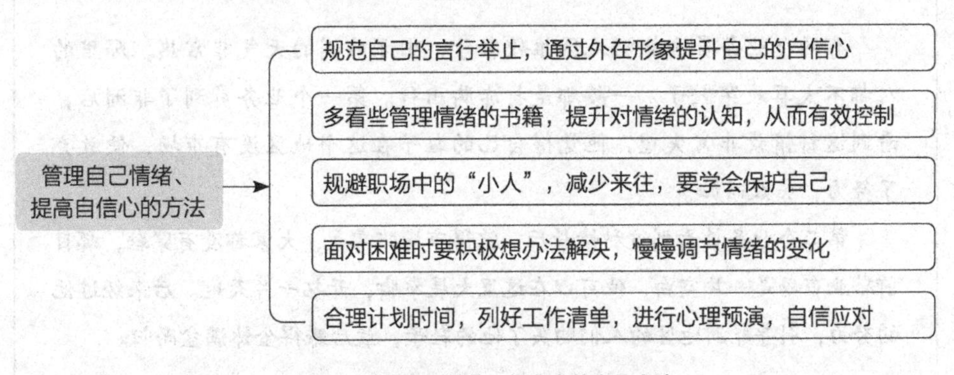

图3-9 管理自己情绪、提高自信心的方法

小结

情绪是影响我们工作的一个因素，只有用正确的态度对待它，用适合的方法解决它，才能使我们在工作中摆脱情绪的奴役，让自己成为情绪的主人，这样才能让自己的事业达到一定的高度。

3.2.3 保持积极的心态，感染周围的人

心态越积极的人，事业上越顺利，越容易成功；而消极心态的人做事都喜欢抱怨，在职场中很难有成功的希望。其实，人与人之间智商的差异并不大，但有的人在职场中如鱼得水，而有的人一生碌碌无为，他们最大的差别就在于心态。一个拥有积极心态的人就已经成功一半了，他们会乐观地面对人生，会给自己积极的力量，也会带动身边的人变得积极，就算是头顶一片乌云，依然乐观向上。

工作热情是一种积极的情绪，是从心里对工作的一种热爱。热爱工作的力量是巨大的，它能给我们无限的力量，能点燃成功的希望，能帮助我们解决工作中的很多困难，让我们勇往直前。

工作中保持积极、热情的心态，可以让枯燥的工作变得生动有趣，能影响周围的同事使其变得和自己一样积极，能组建出一支具有凝聚力的团队，能让我们的工作更加出色，让领导更加器重你，从而获得更好的发展机会。

所以，我们要修炼自己的情绪，使自己在工作中保持一颗积极的心，这样我们就能在平凡的工作中体验到不一样的乐趣和惊喜。

案例

有两个业务员去非洲地区推销鞋子，由于非洲的天气非常热，那里的人都不太喜欢穿鞋子，一般都是打赤脚出行。第一个业务员到了非洲后，看到这种情景非常失望，他觉得自己的鞋子在这个地区没有市场，便放弃了努力，失败而归。

第二个业务员看到这种情景后，觉得市场非常大，大家都没有穿鞋，那目前鞋业市场是一片空白，他可以在这里大展拳脚，开拓一片天地。后来经过他的努力，引导非洲地区的人们购买了他的鞋子，最后赚得金钵满盆而归。

案例解析

推销行业的这个经典营销案例，能给我们很大的启发。第一个业务员和第二个业务员最大的区别在于是否有积极的心态。同样是非洲地区，同样是没有穿鞋子的非洲人，由于他们的心态差异，结果千差万别，一个失败而归，一个赚得金钵满盆而归。

我们要学习第二个业务员的这种积极心态，正是他这种积极向上的精神激励着他去努力奋斗，最后找到了解决问题的办法，找到了成功的秘诀。

知识放送

我们如何才能保持积极的心态？

通常，一个人对自己正面的评价越多，心态就越积极。我们要多肯定自己，多看自己的优点，改掉缺点，这样的我们才会越来越优秀。下面以图解的形式分析保持积极心态的方法，如图3-10所示。

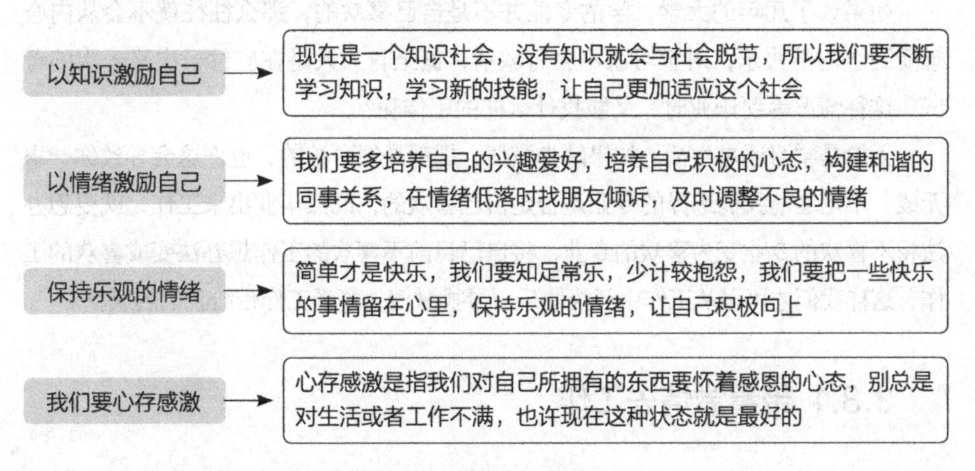

图3-10 保持积极心态的方法

小结

我们的人生中有很长的路要走，其中有一些阻碍我们前进的河。只要自己保持一个积极向上的心态，保持对工作的热情，就没有什么路不能走，也没有什么河过不去。即使途中遇到了困难，那也只是暂时的，我们一定能够到达成功的彼岸。

保持积极的心态，感染周围的人，带领大家一起成功，一起勇往直前，那么你的事业之路也会越走越宽，升职会越来越快。

3.3 职业塑造，如何将不喜欢变成喜欢

作为企业人力资源部的招聘负责人，经常会碰到这样的问题，每次对应届毕业生进行面试时，询问他们是否喜欢自己目前所学的专业，有一部分大学生回答是“不喜欢”。出现这种情况的原因有很多，有些人会说“这个专业是我父母帮我选的”，有些人会说“当时高考理想的专业没考上，就随机分配了一个专业”，还有些人会说“当时对专业不了解，自己随便选了一个”，大多数都处于懵懂状态。

如果读了几年的大学，学的专业并不是自己喜欢的，那么往往就不会从内心感受到学习的快乐，对学习就不会有激情，甚至有人只是在应付一次又一次的考试。这种情况等到毕业时，又能找什么样的工作呢？

无论是学习还是生活，如果缺少激情，那都是很可怕的，也许这会导致你一事无成。不论之前我们选择的专业是否是自己喜欢的，既然毕业出来工作，就要想办法将不喜欢的专业变为喜欢的专业，将自己目前不喜欢的工作想办法变成喜欢的工作，这样我们才可以从工作中寻找快乐、寻找激情，享受工作带给我们的成就。

3.3.1 带着激情去工作

许多毕业生在刚刚踏入职场的时候，对职场工作充满了幻想、充满了激情，此时干劲十足，同时也对自己的职业前途寄予了厚望，一心想着闯出一片自己的天地。

但是没过多长时间，每天重复的工作内容以及各种繁杂的事物，可能渐渐地磨灭了当初的激情。此时面对工作中这些枯燥的事物、单调的操作，有的人觉得自己像个机器人，只希望每天能早下班回家。当日子这么一天天过去，忍受不了的人就会希望换个环境，鼓励自己离职、跳槽，希望自己能从新的工作环境中找到工作的激情。

然而，这样的心理会严重影响以后的每一份工作，每当失去工作激情后，都

会想到要跳槽。要想真正走出这种职业的困境，就要想办法从工作中寻找激情，每一天都带着激情去工作，带着希望去努力。

工作激情不是学校老师教的，也不是从书上学来的，更不是生下来就有的，而是通过后天在职场中培养出来的一种心理状态，它是对工作事业的高度热爱，对人生未来的美好憧憬。拥有工作激情，才能更投入地去做好每一件事情，才能有拼搏的动力。

任何一份工作都是神圣和伟大的，如果你从事的是教师岗位，你培养的是祖国未来的花朵和希望；如果你从事的是医生岗位，那么你做的是救死扶伤的伟大事业。当你觉得自己无法从目前的工作中找到激情和动力时，请重新思考这份工作的意义，如：你能从这份工作中收获些什么，学到些什么，这份工作能为这个社会做出多大的价值等。

如果你觉得仅靠涨薪能改变自己目前的工作态度，那就错了。涨薪并不能解决你的心态问题，你真正缺少的是工作的激情。

案例

小张两年前获得了某名牌大学的学士学位，专业是汉语言文学，毕业后在一家单位做报社编辑的工作。

刚开始上班的时候，小张对工作热情满满、充满激情，每天第一个到公司，最后一个下班。可是没过多久，她就有些厌倦了重复、单调的文字工作，觉得工作太枯燥，没有激情，上班也提不起精神。

小张感到很苦恼，于是她选择了跳槽。当时正好一家大公司在招聘文案策划，具有优秀学历背景的她成功应聘上了该职位。刚到这家公司时，小张觉得信心满满，自己一定能做好本职工作。

可是，由于自己之前没有相关的工作经验，工作中经常出现一些小错误，偶尔也会被领导批评，这让小张越来越不喜欢这份工作。这不是她自己想象中的样子，激情也被慢慢磨灭了，后来她又开始厌倦这份工作，都不想去上班了。

小张不知道问题出在哪里，她觉得非常苦恼，不明白自己到底适合从事什么样的工作。

案例解析

通过上述案例可以看出，小张是心态出现了问题。她做事只有三分钟热度，过了开头的新鲜感就没有激情和动力了，无法忍受枯燥、重复的工作内容，最终选择了离职。很难想象，一个没有工作激情的员工如何在工作中有所成就。

正确的做法是：小张不应通过这种频繁的跳槽去解决心态的问题，这样只能解决表面的问题，不能从根本上解决问题。长此以往，小张在职场中很难有大成就。小张要学会从工作中寻找激情、寻找乐趣，这样才能使职业道路向良好的方向发展。

知识放送

如何才能使自己带着激情去工作？

任何一个企业都需要对工作充满激情、认真工作的员工，这种态度的员工往往能使企业不断进步，不断创造出高绩效。

对工作充满激情的员工可以感染身边的人，可以将良好的情绪带给身边的同事，使大家向同一个方向去努力奋斗，对工作饱含激情的人往往是企业所喜欢的。

工作需要激情才能做得快乐、做得长久，才能在职场中有意想不到的收获，带着激情工作的员工常常能为企业带来巨大的价值。

我们如何才能带着激情去工作呢？下面以图解的方式进行分析，如图3-11所示。

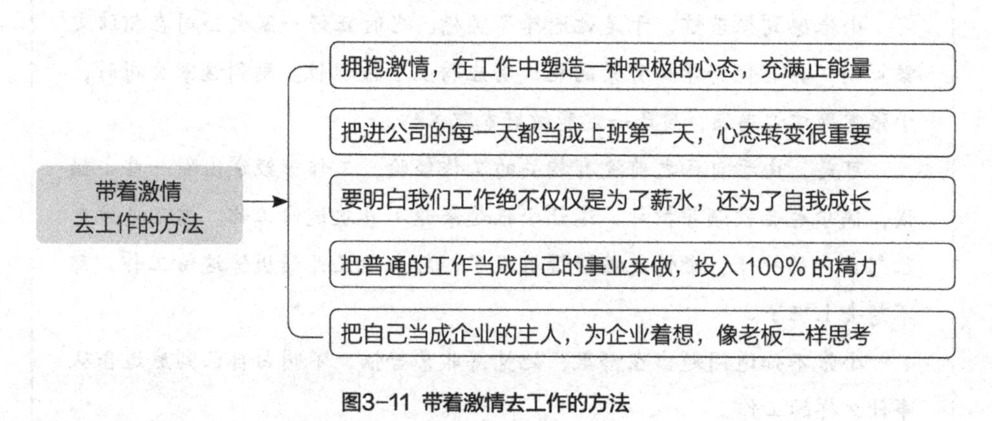

图3-11 带着激情去工作的方法

小结

一个对工作充满激情的人，无论在什么岗位上都会觉得自己从事的是一项伟大、崇高的职业，工作中不管他面对多大的困难，都会想办法去积极地解决。

所以，那些对工作充满激情的人，往往能把自己对事业的愿望和理想变成现实，他们心中会产生源源不断的动力，不畏艰苦，不达目标誓不罢休。

3.3.2 培养工作中的激情

激情就是一个人把全身的热忱都调动起来，完成自己渴望完成的工作。一个缺乏激情的员工，绩效必然不会很高。尤其是在营销行业，激情在工作中的作用更加明显，因为激情能够激发一个人的热忱，然后带着这股热忱去完成自己的工作。

从现在开始，我们要不断地培养工作中的激情，锻炼出良好的职业心态，拿出100%的激情来对待工作中的每一件事情。当你不去计较自己的得失时，你会发现充满激情的工作可以增加自己在职场中的自信心，可以使自己完美、高效地完成领导交办的大多数事情，此时的自己主观能动性也增强了。

在工作中，我们要把激情灌注到自己的日常行为中。以充满激情的心态融入工作当中，我们的工作会发生巨大改变。我们只有赋予自己所做的工作以使命感，激情才会随之产生。只要善于从工作中寻找意义和目的，往往就能拥有工作激情。

案例

老周是一家公司的人力资源部总监，他所在的公司业绩非常好，公司的员工对待自己的工作也充满了热情，这与他不断培养员工的工作激情是分不开的。

在老周加盟公司之前，这家公司员工的激情度并不高，好些员工都厌倦了自己的工作，甚至有些人已经做好了辞职的准备。

但是，老周的到来改变了这种不良的工作氛围，他经常对员工说："要想做好事情，最基本的条件就是投入、专注和激情，我们要从所有细节小事养成这样的习惯，不管事情的大小都要投入专注与激情，我们的成功是通过一件件小事积累出来的。”从老周的身上，员工们也看到了他那充满激情的工作状态，燃起了员工们的工作热情。

老周工作时，总是面带微笑、工作积极，周围的人都可以感觉到他身上的阳光心态与气息，他总能通过自己的能力找到最好的工作方法。在他的带领下，他手下的员工也都斗志昂扬，非常热爱自己的工作。

有些同事在他的培养下，在很短的时间内被提到了主管、经理的位置。很多以前不思进取、无所作为、办事拖拉、效率低下的人也开始改变。最后，公司的业绩不断上升，发展越来越好。

案例解析

通过上述案例可看出，老周是一位充满激情的管理者，也懂得如何培养下属的工作激情，挖掘员工的内在潜能，通过激情去激励员工创造出高绩效，使员工充满活力，使企业步步高升，我们要学习老周的这种职业精神和状态。

实践练习

我们应该如何培养自己的工作激情?

通过上述知识的介绍，我们明白了工作激情的重要性，下面介绍4种培养工作激情的方法，如图3-12所示。

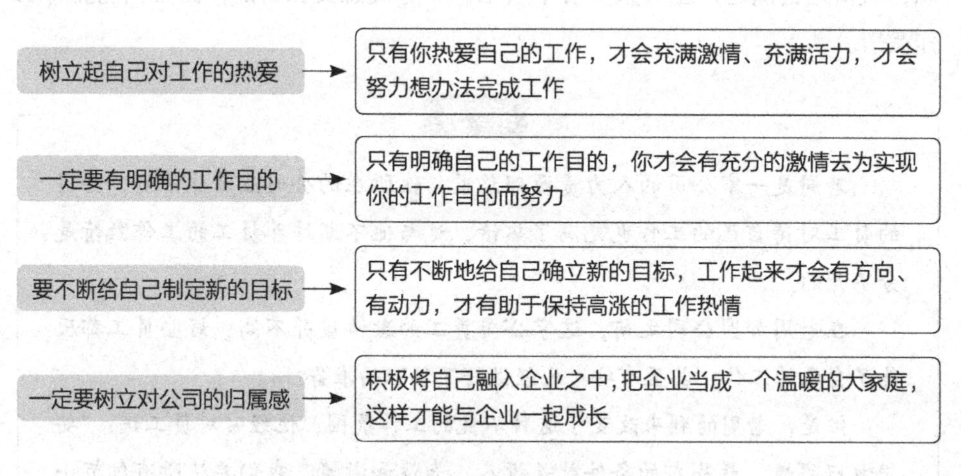

图3-12 4种培养工作激情的方法

小结

没有激情的生活往往会使我们失去希望，没有激情的工作往往会使我们毫无成就。无论你在哪个工作岗位上，激情都是燃起梦想的火把，是强化自我能力的催化剂，它是一种积极进取的精神力量。

所以，我们要培养自己的工作激情，满怀激情地干我们的事业，体会劳动、奉献与收获的快乐，总有一天我们会成功。

3.3.3 在工作中寻找乐趣

有人认为职场人士应该抱有的最重要的职场观就是“视工作为一种乐趣，一种价值体现”。可能你每天早上天还没亮就要坐着最早的一班地铁去上班，可能你会因为工作上的一些小失误而被领导批评，可能你整天在营业厅里听着顾客喋喋不休地诉说各种不满，这样的工作，还有乐趣可言吗？

诚然，工作是一件累人的事情，但实际上工作本身并不令人痛苦，只是结果有时不尽如人意。我们要学会苦中作乐，学会从工作中寻找乐趣。我们一部分的生命价值就体现在工作当中。工作是我们获得快乐、享受成就的需要，我们只有积极认真地工作，才能享受到工作带给我们的成就感，才能体会到工作中的乐趣。

倘若到我们的记忆库里去搜索一番，回忆一下从最初找工作开始，一路经历酸甜苦辣直到今天，在“不堪回首”的职业生涯中，你肯定也会发现偶尔体验到的喜悦：初次出色完成领导交给自己的工作的瞬间，自己的业绩被同事认可、被领导夸奖的瞬间等。这种事情即使是现在回忆起来心里还是甜丝丝的。从这一点来说，工作就是一种乐趣，一种价值体现，你认为呢？

案例

一家汉堡店有一位叫小郭的员工，他主要负责门店内煎汉堡的工作，他每天工作的时候都很快乐，每次煎汉堡时都非常用心，对待每一位客人时都是面带微笑的，也能让别人感受到他的快乐。

很多人都不解，纷纷问他：“煎汉堡的工作环境不好，油烟味也很重，而且每天重复着同样的动作，十分单调，为什么你煎汉堡的时候还这么快乐？”

小郭高兴地回答："我每次在煎汉堡的时候就想到了顾客用餐的情景，如果能吃上我精心烹制的汉堡，而且连连称赞，我就会觉得特别开心、特别有成就感，所以我才要煎好每一份汉堡，使吃汉堡的人能感受到我的用心和快乐。"

小郭的回答感动了在场的每一位顾客，后来经过口口相传，来这家店吃汉堡的人越来越多，大家也希望看到这位用心烹制汉堡的青年。

后来，这件事传到了总公司，总经理专门派人到这家店进行考察，结果被小郭这种用心的工作态度感动了。小郭成了总公司的重点培养对象，并很快升职成了这家店的店长。

案例解析

上述案例中，小郭非常热爱自己的工作，也懂得如何从工作中寻找到乐趣。他把煎好每一份汉堡让顾客吃得开心、吃得放心，当成了自己工作的使命，明白了工作的意义所在，也体会到了工作带给他的成就感。他是快乐的，他的这种快乐也带给了身边的每一个人。

知识放送

我们要学会"乐在工作"

"乐在工作"4个字虽然说起来简单，但真正执行和理解它却不是一件容易的事。那些在工作中感受到快乐的人，是真正喜欢这份工作的人，他们觉得自己的内心非常充实，每一天都过得很有意义，不管工作如何辛苦，他们往往都会在工作中获得快乐、尊严与成就感，也能实现自己的人生价值。

我们要为自己工作，带着轻松愉快的心情去工作，把这种快乐的心情带给身边的同事、朋友，这样会让人们更加尊重你，因为你给他们带去了快乐。

小结

人生最大的价值就是让自己活得精彩。学会在工作中寻找快乐可以让我们的身心不会那么疲惫，遇到困难时有积极向上的乐观精神，是快乐的这种感觉给了我们永不言弃的理由。

在工作中如果我们能以"被需要"为乐，那么工作就会变成我们为自己营造快乐的天堂。

3.3.4 结合自己的兴趣拓展工作深度

选择一份工作的时候，不管自己当初是多么喜欢这份工作，做久了都可能会产生职业疲劳，出现对工作提不起兴趣、失去工作激情等情况，这就是常说的职业倦怠期。

在这个时期的员工，常常会有想换一个环境、想换一份工作、想逃离目前现状的想法，自己原来喜欢的工作也会变得不喜欢了。

这个时候我们应该怎么办？应该静下心来、停下脚步，仔细思考：自己最擅长什么？期望得到什么？工作中还有哪些地方可以改进的？哪些地方可以做得更好？在工作岗位上自己的能力还能得到哪些上升和拓展？

此时，我们可以结合自己的兴趣与职业，拓展工作的宽度和深度，在本职工作职责的基础上，做一些新的尝试，缓解职业倦怠，将不喜欢的工作变成喜欢。

案例

小琴是一家互联网公司的客服，以前在学校读的专业是市场营销，当初毕业时因为急需一份工作，便应聘了这份售后客服的岗位。开始她并不喜欢与人交流，但在工作岗位上经过两年的积累和磨炼，慢慢锻炼出了较强的沟通能力，工作中胆大心细、敢于创新，是一个非常独立的女孩。

可是最近，她感觉自己对工作的积极性明显没有以前高了，对领导安排的任务也只是应付。她思考：是不是自己在这个岗位上做久了产生了职业疲劳？

小琴想，售后客服的工作能不能带上营销，通过与客户沟通，根据客户的需求推销相应的产品，这样不仅可以提高公司的利润，创造出高绩效，也能提高自己的薪酬，丰富售后客服的岗位内容，还能更好地锻炼自己的销售能力。

小琴将这个建议告诉了老板，老板听后觉得小琴讲得非常有道理，随后安排人事部对售后客服的岗位职责和薪酬进行了重新设计与调整。

此时，小琴的岗位职责不仅包含了客户咨询，还包含产品的营销。这样的工作内容调整又重新燃起了小琴工作的热情与积极性，此后连续3个月小琴的业绩都是部门第一名。

案例解析

上述案例中，小琴结合了自己目前的工作岗位与兴趣，拓展了工作的深度，积极与领导进行沟通，改变了目前的岗位现状，在售后客服的岗位上增加了产品营销的岗位责任，重新燃起了小琴工作上的激情，重新找回了工作的乐趣，将不喜欢的工作变成了自己喜欢的工作。

知识放送

从哪个方面可以拓展自己的工作内容？

我们可以从岗位的横向扩大与纵向扩大两个方面进行思考，通过扩大岗位工作范围、增加岗位责任的方式，改变我们目前的工作状态，对积极性不高、情绪低落的员工能起到一定的激励作用，提升工作的效率。下面以图解的形式介绍岗位工作扩大化的渠道，如图3-13所示。

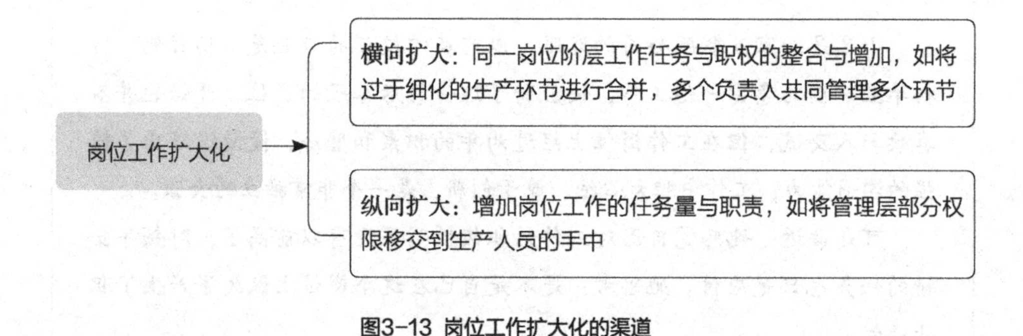

图3-13 岗位工作扩大化的渠道

纵向增加岗位工作内容的最终目的是通过增强责任感与自主意识实现对人的激励。因此，增加的岗位工作内容应注意体现自主能力与责任意识的培养。

小结

当我们不喜欢自己目前的工作现状时，应该积极想办法解决。我们应该深入思考，在现有的工作岗位上，我们还能怎样进行深入拓展，从哪些方面能提升自己的能力，让自己的职业道路越来越宽。

3.4 形象打造，如何让自己的打扮符合职业特点

很多时候第一印象非常重要，穿着打扮一定要符合自己的职业特点。举个最简单的例子，假如一位美容顾问向我们推销自己的产品，但自己化妆化得很糟糕、穿着也不得体，给人的第一印象很不舒服，你会信任她吗？你还愿意跟她继续交流吗？连她自己都不懂得如何打扮，怎么去教别人化妆？

很多新人刚入职场，不注重自己的穿着打扮，还是学生时代的穿法，想穿什么就穿什么，但这样往往显得很不正式。

案例

有一位经理说过这样一件事，有一次，他带一名员工去参加一个重要谈判。结果这名员工背着双肩包、穿着胸前印有夸张卡通图案的套头衫就去了，在整个会场中显得格格不入。本来是很严肃的谈判，而他这身幼稚的打扮，给客户留下了很不好的印象，让对方觉得这家公司不成熟，谈判的结果也不如意。

案例解析

在上述案例中，尽管这位经理也有做得不周全的地方，他应该事先提醒员工在穿着方面应该注意什么，但作为员工也有值得反思的地方。既然进入了职场，就应该主动去思考，自己应该是一个什么样的职场形象，而不是要等别人来提醒。

正确的做法是：在职场中我们要有职场的形象，穿着一定要得体，体现出我们的专业性和职业性，用我们的形象去征服对方，第一印象很重要。

知识放送

职场女性应该如何穿着打扮才符合职业特点？

在职场中得体的职业装是工作中的重要部分，好形象、好身材、好精神都是通过外在的穿着打扮展现出来的，我们要拿出最佳的状态来面对工作。下面以女

性为例，介绍穿着打扮的几种类型，供大家学习和参考。

类型一：庄重大方型

庄重大方的职业打扮可以给人留下干练、有朝气的印象，应选择不容易起皱的面料，适合的职业类别和服装款式如图3-14所示。

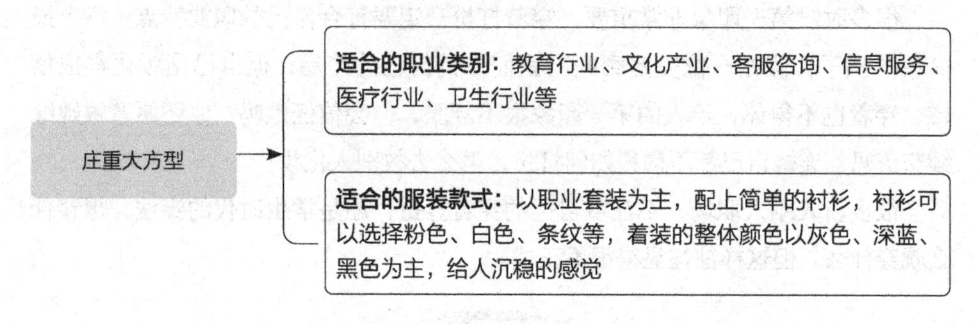

图3-14 庄重大方型适合的职业类别和服装款式

类型二：成熟含蓄型

根据职业类别的不同，很多职业要求体现女性的专业和气质，下面介绍成熟含蓄型的职业着装特点，如图3-15所示。

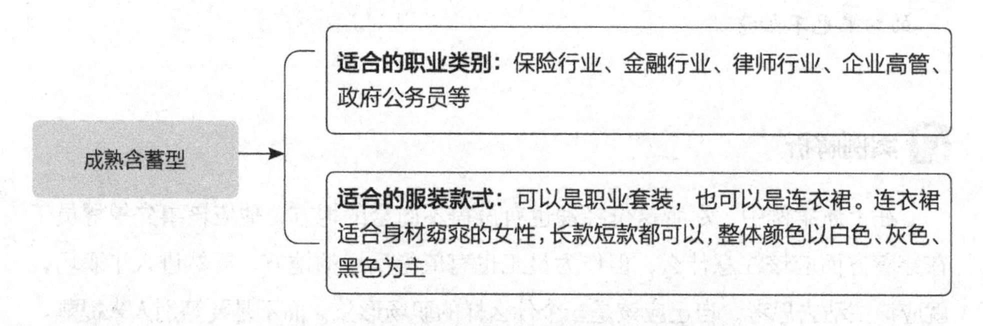

图3-15 成熟含蓄型适合的职业类别和服装款式

类型三：端庄素雅型

有些职业可以选择端庄素雅的服饰类型，符合自己职业身份就好，可以搭配目前较为流行的元素。下面介绍端庄素雅型的职业着装特点，如图3-16所示。

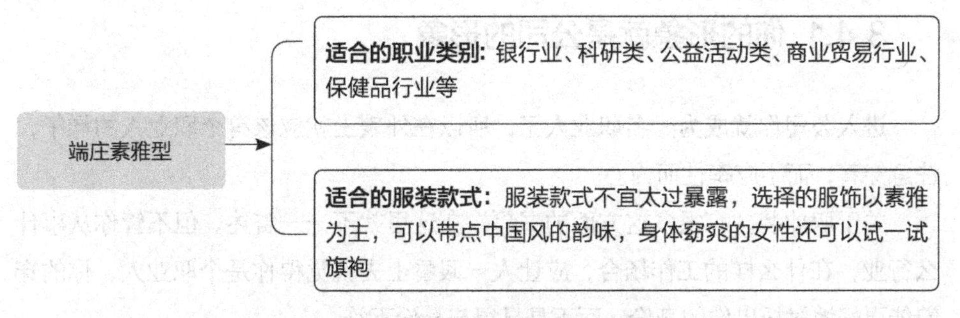

图3-16 端庄素雅型适合的职业类别和服装款式

类型四：简约休闲型

有些职业比较适合穿简约休闲的服饰，她们主要的工作内容不侧重与人打交道，而是与电脑或者其他设备打交道，因此穿着上主要是以舒适为主。下面介绍简约休闲型的职业着装特点，如图3-17所示。

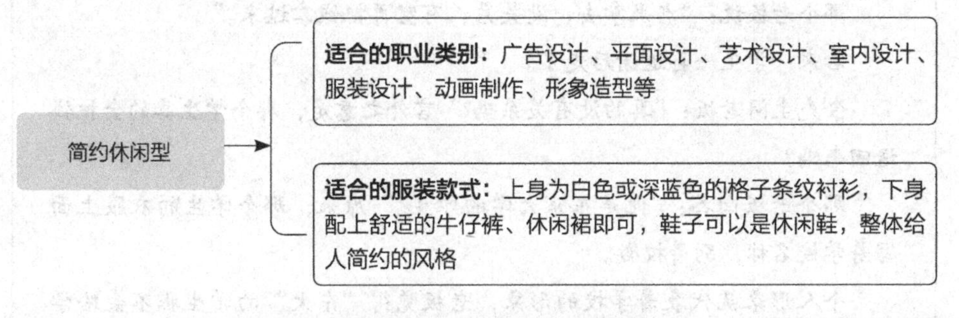

图3-17 简约休闲型适合的职业类别和服装款式

小结

身在职场的我们，一定要有职业范，要注意自己的服饰、气质、发型等是否相协调、相一致。在职场中，男士的着装比较简单，没有女性那么复杂。

不过，不论你身在什么岗位和职业，职场打扮的首要原则是符合公司整体的着装要求。可以观察周围同事的穿着打扮，如果别人都是正装，那么你也穿正装；相反，如果同事们穿着休闲装上班，那你也不用穿得过于正式，不然显得自己格格不入。

3.4.1 你的形象就是公司的形象

进入公司你就成为一名职业人了，所以在外表上就应该有个职业人的样子，注意穿着，而不应率性而为。

关于职业装，有很多这方面的书籍，在这里就不一一赘述。但不管你从事什么行业，在什么样的工作场合，应让人一眼看上去就觉得你是个职业人，你的穿着能更好地衬托出你的身份，而不是显得与身份不符。

案例

著名的管理培训导师——余老师，他在日本时，有一次去买水果，旁边正好有一个穿一身黑衣服的年轻人，一看就是学生。因为日本学生大都穿黑衣服：小的中山领、列宁装。

余先生听到那个学生跟卖水果的老板说："啊，我忘记带钱了！"

那个老板说："水果拿去，没关系，有空再把钱拿过来。"

后来，学生一再道谢后走了。

余先生问老板："真的没有关系吗？"言外之意是，那个学生真的会把钱送回来吗？

那个老板回答："他是东京大学的学生。"原来，那个学生的衣服上面写着学校名称，别着校徽。

个人形象就代表着学校的形象，老板觉得"东大"的学生都不会给学校丢脸的。

刚进公司的新员工，你们读完这个故事后有何感想呢？它让我们明白，形象是多么重要。

在学校读书时，你们能做到"不去损害学校的形象"吗？现在作为公司的一员，你能理解"你的形象就是公司的形象"，并去规范自己的穿着、言行，不遗余力地维护公司的形象吗？

在穿着上表现得像个职业人，这仅仅只是第一步，此外还应该从行为举止上表现出来。一言一行、一举一动，都让人觉得非常专业，才能让人产生信任感。

案例

笔者有个亲戚，大学毕业后做了保险推销员，连着几个月没售出一单。他向笔者求助，希望给他介绍几个客户，笔者就把他介绍给了一家企业的经理，那位经理在电话里也答应签下这笔业务。

过了几天他又找到笔者，说那家企业根本不给面子，那笔业务没谈成。笔者觉得有些奇怪，因为笔者很了解那位经理，他答应的事一般情况下都会做到。笔者便给那位经理打了电话，旁敲侧击地询问这事，没想到那位经理说："你给我介绍的人一点都不职业，不像是做保险业务的。"

原来，笔者的亲戚穿着一条牛仔裤、一件夹克衫、一双白色的旅游鞋就去拜访那位经理。这几个月来，他几乎天天是这样的着装打扮，拜访着每一位客户。他认为这样显得自己青春、富有活力。见到了那家公司的经理，经理盯着他看了好一会儿，便找了个借口让他先回去了。

案例解析

在上述案例中，显然，保险推销员的穿着让那位经理不信任他。给人的第一印象往往是自己通过整体形象打造出来的，因此在职场中我们要有自己的职业范。

正确的做法是：作为一位职业保险推销员，应该是成熟型的着装打扮，穿上深色或黑色的西装最能体现出人的成熟与稳重感，而不应该是穿牛仔裤、旅游鞋。这样给人的感觉非常不职业，很难让对方产生信任感。

知识放送

我们不仅要在穿着上体现职业化，还要在行动上体现专业化

案例

一名游客去北京旅游，入住了一家酒店，他来到用餐区的时候，桌上摆的有些菜品不太认识，就叫了服务员过来解说一下。

这位游客问旁边的服务员："这个菜周围的红色点缀是什么？能吃吗？"服务员上前看了一眼，然后后退了一步，才给游客做出回答。服务员告诉游客这个菜的菜名，以及这个菜所用的材料，还有这个菜的烹饪手法等，专业的解说让游客对这个酒店瞬间产生了好感。

随后，游客又提问，服务员上前看了一眼菜品，又后退了一步才做出回答。这位游客觉得服务员的行为很奇怪，问为什么每次都要后退一步才回答她的问题。这位服务员回答说，为了防止自己说话的时候喷出唾沫飞溅到菜里，游客听了心里特别感动。

可是，我们在日常生活中见到的情形又是怎样的呢？当我们去饭店吃饭时，有的服务员不管手上端着什么菜，有时绕过顾客的头顶或者肩膀就送过来了。

部分服务员也不管自己离菜有多么近，你一问，他们就立即开口回答了。我们要改变这种随意的行为态度，要让自己变得职业和专业，因为我们个人的形象就代表着公司的形象。

个人形象主要包含哪些方面？

个人形象主要包含6个方面的内容，也是6大要素，如图3-18所示。

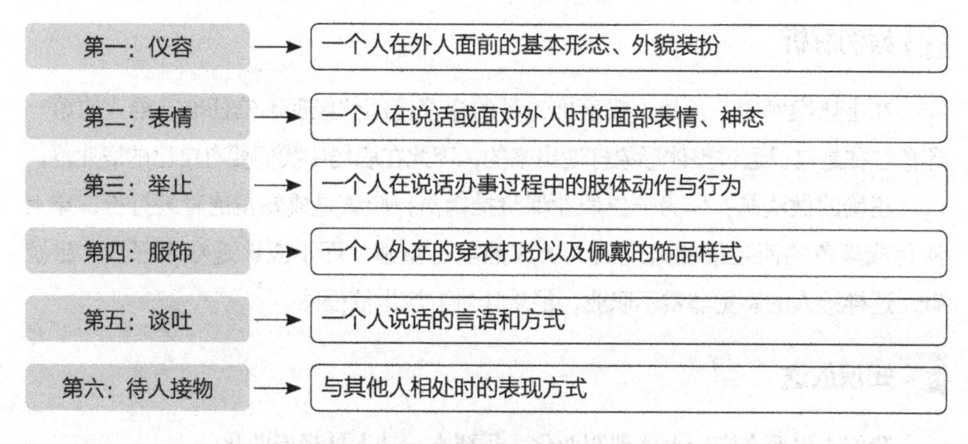

图3-18 个人形象包含的6个方面

小结

作为公司的一员，我们的个人形象就是公司的形象，我们要注意自己的言行举止，给公司带来良好的口碑与外在印象。

形象，并不是简单指一个人的衣着、长相和妆容，它是一个人综合素质的综合展现，是一个人外在的表现与内在气质相结合给人留下的印象。良好的外表形象可以为你的事业起到推动作用。

3.4.2 用行动为公司增光添彩

有的人会说：我明白自己的形象就是公司的形象，那我不做有损公司形象的事就可以了。这并不是一个合格的员工对自己的要求。合格的员工不但不做有损公司形象的事，还应该主动做有益于公司形象的事情，为公司增光添彩。

案例

文花枝1982年生，2005年她才23岁，是湖南湘潭市新天地旅行社（已更名为“湘潭花枝新天地旅行社”）的一名普通带队导游。

2005年8月28日下午，文花枝在一次带队旅途过程中，遭遇了特大车祸，旅游大巴被撞得严重变形，她也身负重伤。在危急时刻，导游文花枝还不忘对大家鼓励：“挺住！加油！”正是这个声音，给大家带来了希望。

后来，当施救人员赶到一次次向她走过来时，她都说：“我是导游，我没事，请先救我的游客。”其实文花枝是车厢内受伤最严重的一个，但她放弃了一次次及时医救的机会。

等到最后被救出来时，医生说因为她耽误了及时救治的时间，不得不将左腿锯掉，正处青春年华的她，在以后的日子中只能与轮椅为伴。面对这么残酷的现实，她仍然笑着对记者说：“身为导游，我只是做了自己应该做的事。”

案例解析

看了以上真实案例，文花枝表现出来的先人后已的职业道德和尽职尽责的职业精神，让每一个知道她事迹的人对她肃然起敬。你有没有被感动到呢？

文花枝用行动为公司、为自己增添光彩，她的行为感动了很多人，让大家记住了这么一位优秀的导游，也让大家记住了她的公司。

她的公司因为有她这样的员工而自豪，她的行业因为有她这样的表率而骄傲。后来，湘潭市新天地旅行社特意为文花枝更名为“湘潭花枝新天地旅行社”。

小结

刚进公司的新员工们，导游文花枝的案例给大家上了非常生动的一课！你们的行为决定了你们的形象，你们的形象影响着公司的形象，记住用自己的行动为公司增光添彩，公司就会因你而自豪！

3.4.3 职场的衣着、妆容细节

俗话说“人靠衣裳马靠鞍”，穿衣打扮、服饰妆容对一个人的形象起着非常重要的作用，代表着一个人的气场与气质。特别是对职场人士而言，衣着本身就是人的一种标志，它就像一张没有文字的名片，反映出你个人的气质、性格、内心世界。

一个身穿职业套装的人就是想向大家传递一个信息：我是一个成熟、专业、稳重、可靠的人，大家可以相信我。对于注重自己形象的职场人，也确实能够得到他人的依赖和尊敬。

案 例

某知名大学的高材生小林，毕业后入职了一家报社当记者，他喜欢做热点采访类的工作。

入职的第一天，他的穿着就十分随便，一点都没有职业范。领导看到后对他的形象很不满意，但还是让他去新闻部与别的老员工学习如何做热点采访的工作。当时，领导还特意提醒他以后要注重自己的着装，但小林似乎没有放在心上，他觉得能力比穿着重要。

小林在新闻部的工作表现非常突出，很适合做这份工作，可由于他穿衣服太随便、不职业，在采访中碰了好多壁，还影响了几次重要的采访工作。最终，主编决定让他到报社做文字编辑的工作，以后如果小林在穿着上有改变再进行调整。

被调到报社做编辑的小林，心里很不开心，他觉得自己大材小用了，觉得主编故意为难自己、针对自己。他觉得自己的新闻采访工作做得很不错，得到了一致的认可，他在部门内人缘也很好，只是着装随便了点，怎么能埋没了自己呢？

小林越想心里越不舒服，对编辑的工作也不太认真，经常出错，结果同事们都慢慢远离他了。最后，小林在这家报社做了不到四个月就辞职走人了。

案例解析

通过上述案例，我们知道小林的采访能力非常强，但因为其不注重穿着细节，因此失去了一个很好的工作机会，令人惋惜。

个人形象代表的就是公司形象。小林作为采访的记者，需要上镜头面对全国千万观众，采访的大多是一些有影响力的人，如果穿得太随便，对方会感觉不受重视，而且面对观众确实需要注意个人形象。

在实际工作中，像小林这样的人不在少数。他们不注重自己的衣着，常常由着自己的性子，想穿什么就穿什么，也不分什么场合、什么情况。他们也许认为自己特别有个性，但这样却显得不专业，老板也往往不认可。

知识放送

在工作的时候，你的着装、妆容应该注意些什么？

一般着装整齐、干净的员工，工作也会更加严谨，下面介绍几点着装、妆容应该注意的事项。

（1）不能穿得太“随便”

一个人的穿着不得体可能会使人反感，有些人觉得上班穿着背心、短裤、拖鞋特别舒服，而这正是职场穿着大忌。

在职场中，不得体的穿着会让你的上司及同事觉得你漠视公司职业规范。可能他们不会当面指责你，但内心往往会非常不高兴。有的同事也许私底下会提醒你以后别再这样穿，你可能认为这是小题大做，其实不然。从穿着上确实能够体现一个人的行为风格，特别是工作着装，更是体现着这个人对待工作的态度。

（2）不能穿得太“招摇”

有些员工喜欢用名牌服饰、名牌包包来炫耀，让别人感觉自己很有品位、有格调、有档次，借此在众多员工之间突显自己的独特，也就是常说的“炫富”。

其实这种行为很容易引起同事们的反感，当大家对你产生不良印象时，工作上的配合度就不会那么高，有时候还会引起办公室斗争，严重影响工作的顺利进行。

如果你因为自己穿着打扮的问题被其他同事孤立起来，那就得不偿失了，即使自己再能干，可能也无法在这个公司继续待下去了。

现代的年轻人往往都讲究个性，生活要有个性、穿着也要有个性，这样才能突出与众不同，但是他们忘了在职场中他是员工，学会配合也是一种职场的生存智慧。太注重个人色彩的人，在职场中很难交到朋友。

一个人喜欢穿什么样的衣服，要把自己打扮成什么样子完全是个人的自由，但是在职场中，工作是一群人同时在做事，如果你的服装太过于“招摇”，在团队中难免会遭人嫉妒，或让人觉得你不合群。所以，我们要注意服饰的搭配。

（3）从“头”开始，头发很重要

在工作中男性一般情况下不要留长头发，定期清剪，而且头发要理顺，不能过于蓬松或乱成一团像稻草一样。

女生可以留长头发，但头发不要把眼睛遮起来，而且头发不能过于凌乱，最好扎起来绑在脑后面。在选择自己的发型之前，首先应该分析一下自己的脸型适合什么样的发型，然后再做出决定。

比如：高额角的女生适合留长头发，额前适当剪出刘海，还可以做大波浪的卷发；高颧骨的人不适合中分式发型等。

关于头发染色的问题，作为职场人士，我们的头发应该保持本色，不建议将头发染成其他颜色。那样虽然显得有个性，但往往给人轻浮、不专业的感觉。

另外，千万不要让自己的头发自带“雪花”。在职场中与同事或客户交谈时，如果对方一头的头皮屑，你可能都不会愿意与对方继续沟通，所以我们要爱卫生，勤洗头发，保持头发的清洁。

（4）整体着装不能过于凌乱

我们应该保证服装的整洁、大方，不能肮脏邋遢，如果我们以邋遢的形象出现在客户面前，不仅是我们自己不尊重自己，也很难得到对方的好感。

着装凌乱往往是一个人的行为方式缺乏条理性的表现，会给人拖泥带水的感觉，老板见了自然没有什么愉悦感，更谈不上好感。衣着不得体还反映出一个人在审美方面的不足，容易给人以内涵不够、气质不佳、举止粗俗的印象。

衣着随便不仅显得自己不庄重，还会让对方产生被轻视的感觉，这样的装束很难让老板对你感到满意。所以，要成为优秀员工，就要先从衣着规范开始。

工作是一件严肃的事情，因此工作时间应该穿一些比较正规的服饰。整天坐在办公室的职员，或是经常和顾客打交道的职员，要是穿着脏兮兮的衬衫，皱巴巴的裤子，一副邋遢散漫的模样，或者穿得古里古怪，就会让人觉得很别扭，难以对其产生好印象。

（5）饰物要少而精

如果你是企业的中高层管理者，或者需要出席某些正式的场合或会议，不建议使用太花哨的手机壳或者饰品，手机铃声也要注意不能太低俗，这些细小元素都有可能影响别人对你的看法，影响自身的形象。下面介绍使用饰品的注意事项，如图3-19所示。

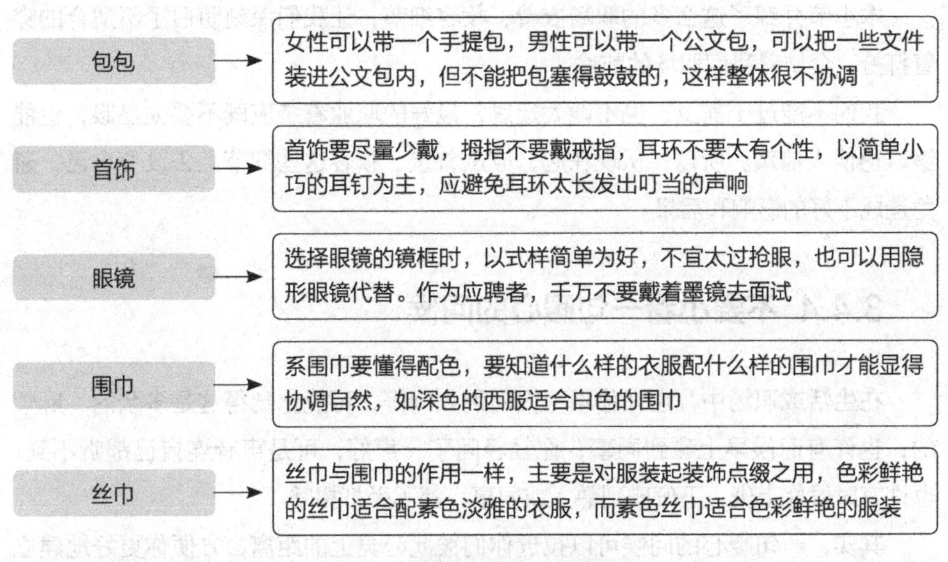

图3-19 使用饰品的注意事项

（6）淡妆为宜，切勿浓妆艳抹

如果不是特殊的场合，建议女性以淡妆为宜，千万不要浓妆艳抹。下面介绍几种化淡妆的技巧，如图3-20所示。

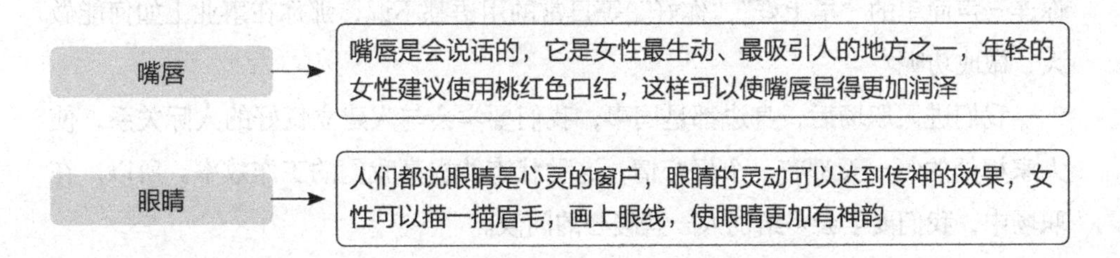

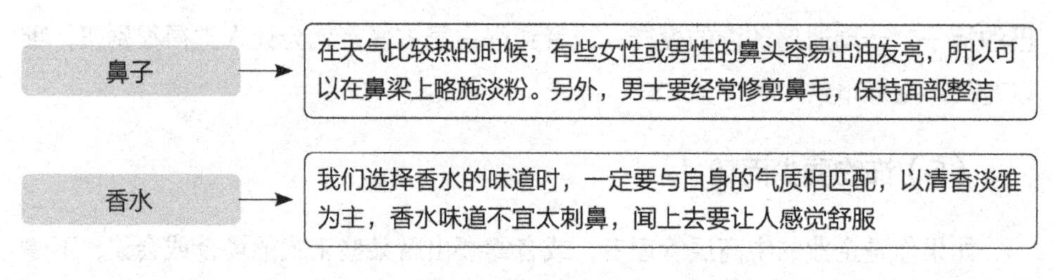

图3-20 化淡妆的技巧

小结

本小节介绍了这么多的职场衣着、妆容细节，让我们深刻明白了不适合的穿着打扮，会妨碍我们职场的前途。

我们不能过于前卫，也不能太迂腐，最好的职业着装应既不要太显眼，也能够取得他人信赖。所以，从现在起，应从着装、妆容这些细节上去改变自己，避免造成不好的影响和后果。

3.4.4 不要小看一句暖心的问候

在生活或职场中，也许你不习惯向别人问好，可能你觉得这是多余的、麻烦的；也许有时候早上碰到同事，你轻轻问了一声好，可是声音连自己都听不到；也许有时候你上班、下班碰到熟人或同事，都不爱打招呼。

其实，一句暖心的问候可以拉近你们彼此心灵上的距离，方便你更好地建立自己的人脉和朋友圈，可以打破一些关系比较紧张和尴尬的局面。所以，你有没有想过改变自己的这些细节呢？学会给身边的人一句暖心的问候，从“早上好”开始。

人与人之间最初的相识往往就是从打招呼开始的，如果没有开始的问候，哪来后面的故事呢？打招呼是心与心之间的交流，是从陌生到熟悉的润滑剂，如果你连一声简单的“早上好”“你好”等日常的用语都不说，那你在事业上如何能做大、做成功呢？

我们进入职场后，身边都是同事，我们要学会与人建立良好的人际关系，使大家相处的每一天都有一个好心情，这种状态能提高我们的工作效率。所以，在职场中，我们要学会多给别人一些暖心的问候。

案例

一辆班车上，大家陆续上车后都各自找座位坐下，有的在玩手机，有的在听音乐，有的在看报纸，彼此间没有任何交流。

司机看到这种情景后，对车上的人说："大家好，我是你们的司机，请大家现在把手上的报纸和手机都收起来，然后转向你身边的人，来，一起做！"车上的员工们听后，都按司机说的做了，但大家脸上都没有任何表情。

司机接着说："现在，你们跟着我说，你好，早安！"司机的声音像是军队教官的语气，让人无法拒绝。大家跟着司机说完后，都望着对面的同事不禁笑起来了，顷刻间彼此尴尬的气氛解除了，大家都开始活跃起来，相互聊着生活、工作。

一直以来大家都怕难为情，所以连普通的问候也没有，现在大家消除了沟通障碍，彼此握手，车上洋溢着满满的欢声笑语……

案例解析

上述案例中，司机的做法消除了员工之间尴尬的气氛，一句暖心的问候让彼此之间更加友善、亲和，给对方留下了很好的印象，也拉近了彼此之间的距离。

小结

学会问候别人是一件非常重要的事情，在职场中也具有深远的意义，有时一句"你好"在建立关系中胜过千言万语。在职场中那些不愿意和别人打招呼的人，往往会看上去比较高傲，让人感觉难以接近，会给人留下不好的印象，也很难有好的人缘。

3.4.5 别忽视微笑的力量

微笑是一种宽容、一种接纳，微笑是幸福快乐的代言。在职场中如果你面对两个不同的人，一个冷若冰霜，另一个面带微笑，说话温和，这两个人你会更喜欢谁呢？相信我们更喜欢后者。如果前者请教你相关问题，估计你也不会有什么好的态度对待他；而如果是后者，你可能会把自己知道的全部都告诉他。人与人的相处，就像是一面镜子，你如何待他，他往往就会如何待你。

所以，我们要学会善待他人，也要习惯笑脸迎人，我们要常常问自己：“今天，你微笑了吗?”俗话说“爱笑的人运气都不会太差”，这样的人通常也是最受别人欢迎的，非常吸引人，有人格魅力。但这个“微笑”的力量常常被人忽视。

案例

小张是一名刚走上工作岗位的技术研究员，他的工作能力非常强，做事雷厉风行、办事干脆利索，有目标有计划，执行力还非常强。可是，他来公司快两个月了，与同事们还是不太亲近，有些不合群。小张自己也很苦恼。

有一天，他在杂志上看到这样一个故事：在一个企业宴会上，一位妇女为了给每一个人留下良好印象，花了好几万元买了一件宴会礼服，但宴会上她自己的表情却冷若冰霜，让人感觉一点都不温暖。

此时，一位优雅的男子走过来，告诉这位妇女：“你今天的礼服是全场最漂亮、最有气质的，如果你的脸上能带一点微笑，你会更加有魅力。”

看完这个故事，小张好像明白自己为什么会在办公室显得格格不入了，因为没有情感上的交流。第二天上班，小张面带微笑走进办公室，同事们看到了他的微笑，他也收到了同事对他的微笑。

这天，他的心情特别好，心里特别温暖，他觉得自己和同事的关系拉近了很多。从此以后，他和周围的同事关系越来越好，工作上也越来越顺心，越来越有成就感。

案例解析

以上案例让我们明白，微笑是人与人之间传达情感最直接的方式，也是最有效的方式之一，有时一个简单的微笑就能给人带去无限的力量。小张明白了微笑的重要性，及时改正了自己的态度，得到了同事们的接纳和认可，收获了好人缘。

小结

大家都喜欢住在有阳光的地方，因为阳光能给人温暖，而人的微笑就是一缕温暖的阳光，能照亮人们的内心。面带微笑是社交场合中必备的技巧。在职场中，如果你时时保持微笑，会更容易得到周围同事的喜爱、领导的赏识。

微笑不仅可以让自己身心愉悦，还能给别人带去快乐，可以使两个陌生的人之间瞬间建立起微妙的情感。这就是微笑的力量。

第 4 章

责任跃迁：从兴趣导向到责任导向的修炼

当我们还在学生时代时，更多的是按自己的兴趣来选择生活方式。而作为职业人，最基本的特征就是担负起自己应该承担的责任和义务。本章主要介绍责任思维的转变，主要包括从兴趣导向转变到责任导向，从个人利益为主转变为以公司利益为主等内容。

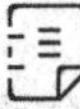

4.1

职场新人，我们如何工作才能打动领导的心

在职场中，一个人的责任心与工作成就通常成正比。责任心越强的人，工作上越有成就、越出色；而责任心不强的，大部分是职场中的普通员工，事业上往往不会有很大的起色。

作为职场新人，我们对待任何事情都要有责任心，切记不能急功近利、投机取巧，那些华而不实、在工作中要小聪明的人大多是缺乏责任感的人。

我们只有怀着一颗有责任感的心，才会在工作中认真努力、兢兢业业，才能按时、按质、按量地完成领导交办的事情，才能在工作中发挥出我们的实力与能力。这样的员工在事业上往往会有所成就。

4.1.1 每项工作都全力以赴对待

无论是初中、高中，还是大学，很多学生都存在这样一个问题——偏科。偏科的人，对于自己感兴趣的科目就会认真学习，对于那些不喜欢的、没兴趣的科目往往不认真听课，敷衍了事，结果导致总分不高。对于那些自己不喜欢的科目，学生们会从内心里产生一种抵抗情绪，不愿意去学，也不管后果。

但是，在企业中容不得这样，尽管是你不喜欢的工作，你依旧得认真完成，每项工作都要全力以赴地对待。如果你还像在学校里一样逃避，敷衍了事，那么等着你的将可能是被解雇。

新人在刚入职的一段时间里，领导通常不会安排太重要的工作，基本都是从小事开始锻炼或者跟着老员工学习。当你能把小事做好了，才会慢慢安排一些重要的事情给你，主要还是看你有没有能力去承担工作，有没有责任心去做好工作。

但大多数的职场新人都有这样一个心理：希望自己能赶紧进入工作状态，希望一开始就挑大梁、担重任，很多人不愿意从基础工作开始做，如学习看图纸，培训相关技能，还有一些其他琐碎的工作。

他们往往觉得这是在浪费时间和生命，但他们没有意识到这是领导们在锻炼他们，让他们练好基本功，摸清职场工作的规律，熟悉职场的人与事，这样才能

做好以后的工作。如果对周围环境都不熟悉，工作只会越做越累。

案例

小瑶和小娇同一家外企做实习秘书，既然是秘书，她们的主要职责就是协助领导完成相关工作，组织各项会议、整理文件、处理琐事是常事。

但小瑶觉得自己是一流大学的本科毕业生，处理琐事有什么难的，根本不需要公司培训，结果小瑶在工作中经常犯错。

有一次高层领导开座谈会议，小瑶负责倒水、整理文件，但好几个领导的杯子空了，小瑶都没有意识到该加水了，还需要主任给她使眼色她才反应过来，然后急急忙忙去给领导们倒水。

会后，小瑶被主任狠狠批评了一顿，批评她做事不用心，责任心不强。但小瑶心里不服气，她觉得不就是倒个水嘛，哪有那么多讲究。

小娇的状态与小瑶刚好相反，她认为秘书的工作就是服务，公司老员工给她俩做培训的时候，她听得很用心，也做了很多笔记，包括什么时候倒热水，什么时候倒温水，茶水的量应该倒多少合适等。

这些细节间接地表示了她对领导的尊重，也体现了自己的细心与责任心，仅倒茶这一项，小娇通过实践就总结出来了三十多条注意事项与经验。

案例解析

上述案例中，小娇和小瑶是职场中正反两面不同的教材，仅仅通过倒茶这件小事就可以看出她们俩以后的发展肯定截然不同。

小瑶工作的责任心不强，小事不愿意干，大事又干不了；而小娇能把小事都做得这么好，以后很可能得到领导更多的认可，慢慢会承担更多的工作责任与职权，职场道路会越走越宽。

所以，不要小看每一件小事，新手的成长都是从小事开始的，每项工作都要全力以赴地对待，这样对自己的成长才是最有益的。

实践练习

如何用全力以赴的心态对待工作？

工作中我们经常听到“尽力而为”，而更加正确的态度应该是“全力以赴”。

下面从3个方面介绍如何全力以赴地对待工作，如图4-1所示。

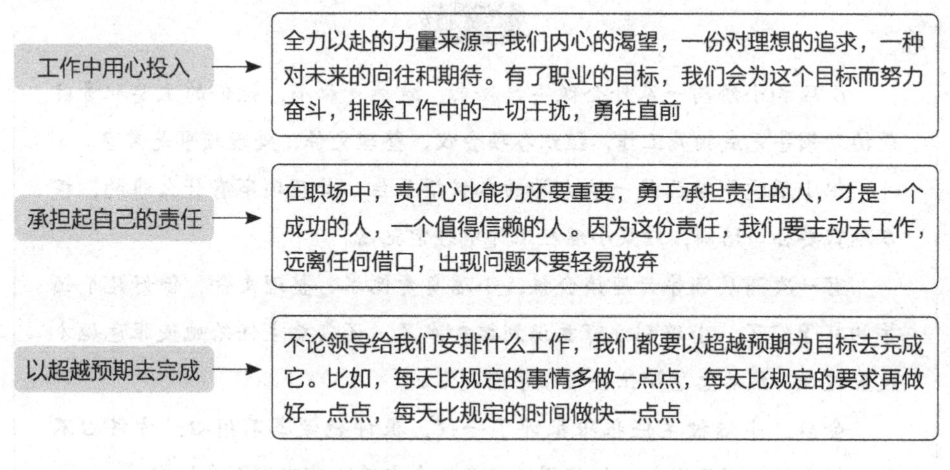

图4-1 全力以赴对待工作的方法

小结

当一个人将自己的工作和自己的生命一样对待，当他把自己的精力全部投入到工作中时，可以说没有什么事情是做不成的。

敬业精神是一种为工作献身的热情与勇气，今天的成就都是昨天的努力付出而积累出来的，全力以赴可以让你克服工作中的困难，从工作中感受到使命感和成就感。

4.1.2 工作中没有任何借口

当一个人在工作中出现失误的情况，却一味为自己的失误找借口，我们有理由怀疑他在工作中并未尽职尽责，他可能没有全力以赴地去完成领导下达的工作任务。

有些人的工作没做好，就把原因归根于这个工作太难了，或者说其他同事没有配合好，又或者说是环境因素引起的，但就是不反思自己的问题。

借口是最苍白无力的语言，我们要学会承担责任，做一个有责任心的职业人。该我们承担的不能逃避，该我们面对的要想办法解决。

一个勇于承担责任的人是不会为自己找借口开脱的，做错了就是做错了，工作中没有任何借口，争取下次改正错误，将工作完成得更好，这才是聪明人的做法。

当工作出现失误时应该及时想办法补救，不为自己找理由辩解的人才更能得到上司或领导的青睐。

案例

一位西点军校的学员讲过这样一件事情：他们在西点军校上的第一节课，就是告诉你要想尽办法完成任何一项任务，不能为没有完成的任务找任何的借口和理由。西点军校一直奉行的行为准则是——没有任何借口。

在上课期间，西点军校的学长给新生训话，告诉他们不管任何时候遇到军官问话，只有四种回答：

"报告长官，是!"

"报告长官，不是!"

"报告长官，没有任何借口!"

"报告长官，我不知道!"

在西点军校里，除了上面四种回答，不能再多说一个字，那里的军官最讨厌学员找各种理由和借口，他们只需要知道事情的结果，找借口只能得到一顿训斥。

案例解析

西点军校严格要求每一位学员，不为失败找借口，无条件地服从军队命令，这个行为准则使西点军校闻名于世。我们在企业中工作也是同样的道理，我们应该坚决服从上司的命令，严于律己，完成好每项任务，不为失败找理由，这是每一位成功的职场人士必备的职业素质。

知识放送

借口就像病毒，我们应该改变这种行为习惯

借口就像可怕的病毒，我们要改变为自己寻找借口的习惯，这种思维方式如果在你大脑里面养成习惯可能就会导致恶性循环，最终使自己一事无成。

现在部分年轻人或多或少会有这个坏毛病，遇到事情或者自己犯了错误就会想办法为自己找理由、找借口来安慰自己，使自己心里能舒服些、轻松点。

案例

某公司召开季度总结会议，主要是对公司这个季度的销售情况进行总结。

营销经理说："这个季度我们的产品销售业绩不太好，比上个季度下降了10%，我们自身有一定的责任，但主要责任不在我们。这段时间几家竞争对手纷纷推出了很多新产品，这些新产品也很受消费者喜欢，而我们最近的新产品很少，研发部门需要提高研发效率了。我们为此流失了蛮多客户资源，所以才导致业绩下滑得厉害。"

研发经理说："我们部门这两个月研发的新品确实不多，但是公司财务部批给我们的研发费用这么少，我们真的很难开发新的高质量产品。"

财务经理说："今年公司的采购成本一直处于上升趋势，而利润在逐年减少，所以我对你们部门的预算进行了削减，这也是为了均衡财务收支。"

这时，采购经理气愤地说："我们今年所花的采购成本上升了15%，可是我们也没有办法，今年很多生产铬的矿山发生了事故，不锈钢的价格一直在飙涨！"

此时，总经理说话了："这么说，这个季度业绩下滑这么厉害，大家都没有责任了！我是不是应该去找那些矿山的问题？！"

案例解析

这个案例是个反面教材，很具有教育意义。该营销经理自己部门的销售工作做得不好，自己不多总结原因，反把责任推给研发经理，那这样的经理在这个岗位上又能做出多大的成绩呢？公司又能有多大的发展前景？

正确的做法是：这个公司所有的经理都应该深刻反思，以营销经理为例，他应该多总结业绩下滑的原因：是部门内的销售人员工作积极性不高，还是客户跟得不紧，或者应该多想几种活动营销方案来吸引客流？多想想这些解决问题的对策，对产品营销一定会有很大的帮助。

小结

俗话说：如果你不想做一件事，你能找出100个借口；如果你想做一件事，你能找出100个理由。

那些遇事不承担责任反而为自己找很多借口和理由的人，往往一生难成大事。所以，我们在自己的工作岗位上应该承担起自己的那份责任和义务，不能养成爱找借口的习惯，工作中没有任何借口。

4.1.3 保持谨慎，不因疏忽而铸成大错

一些刚入职场的新手有时候为了证明自己的能力，难免会为了追求工作效率而疏忽工作上的一些小细节，反而给工作带来更多的麻烦。

他们往往认为工作效率高就是能力强的一种表现。其实，这种观点并不完全正确，如果工作效率高且工作不出错，这才是能力强；如果仅仅只是工作效率高，但工作中经常出现失误、疏忽、毛病，并不代表能力强。任何一个小失误都有可能引起大量返工，以前做的很多工作都可能要重新来过。

那么这样算下来，真正的工作效率并不高。职场是一个更注重结果的地方。大家的起点都一样，谁能有好的结果、好的业绩，谁才会被职场认可。所以，工作上多细心一点，保持谨慎，让问题少一点，不要因为疏忽而铸成大错。

案例

有一家生产塑胶管道的企业，这家企业很少开除员工。有一次，一位资深员工老李在切割台上工作时，把切割刀前面的防护挡板取下来放在了一旁，他觉得这样取零件更方便一点，工作效率能提高三分之一。

可是他没有意识到，当他取下防护挡板的那一刻就给自己的生命安全埋下了隐患。没有防护挡板，一不小心，自己的手和脚就可能卷进机器里。

恰巧，老李的这种行为被公司生产部主管看到了，生产部主管特别生气，让老李立刻把防护挡板装上，并扣除老李当月奖金作为处罚。

第二天上班，老李被老板叫到办公室，进行了严肃的安全思想教育，最后老李因严重违反公司安全制度被公司辞退。

离开公司时，老李特别后悔和懊恼。他在这里工作了好几年，也学到了很多东西，平常也犯过一些小错误，但公司都没有责怪过他，可是这一次，他触犯了公司的安全底线，不得不离开。

案例解析

在上述案例中，像老李这样不顾自己安全的行为是错误的，生命的价值远在金钱之上，不能因为想多赚一点就不在乎自己的生命安全。钱是赚不完的，但生命只有一次。在工作中我们不能疏忽任何小细节，否则可能会给我们带来大麻烦。

有些人工作上出现疏忽时，只意识到了这件事情的错误，但没有深刻预估这个失误可能带来的严重后果。还有的人可能抱着侥幸心理，上述案例中的老李，就是对后果抱有侥幸心理，当可怕的后果真的发生时，这个责任谁也承担不起。

知识放送

工作中，我们如何才能做到谨慎呢？

谨慎是一种严谨的工作和生活态度，谨慎是一种优秀的品质，如何才能做到谨慎，下面介绍几种方法，如图4-2所示。

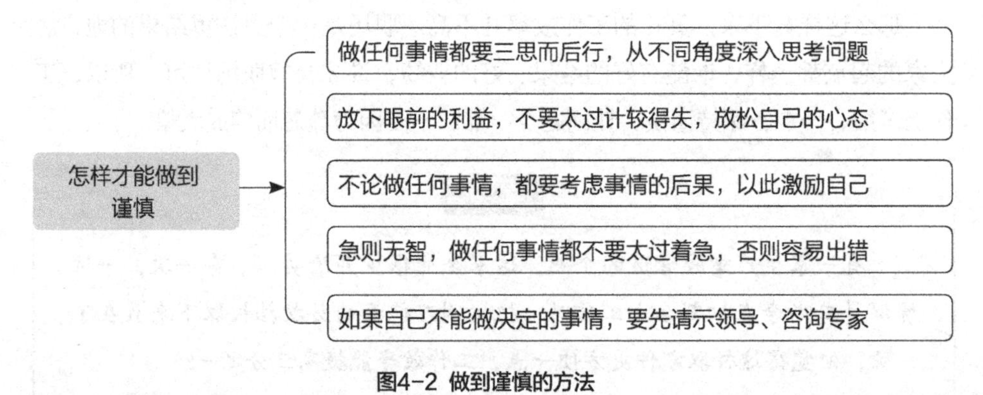

图4-2 做到谨慎的方法

小结

我们不能因小失大，因为一时的疏忽可能酿成大错，对一些细节的疏忽可能会引发严重的后果，我们应该多想想工作关系到的各个方面，提高我们的责任意识和安全意识，随时保持谨慎的心态。

4.1.4 及时汇报，让领导掌握你的“行踪”

在职场中你懂得如何与领导进行工作沟通吗？你会及时向领导汇报你的工作进度吗？是不是老板不找你，你就不会找老板聊自己的工作情况？如果你有这些表现，说明你还没有意识到及时汇报工作的重要性。

在很多职场新人的眼里，他们觉得向领导汇报工作都是一些表面功夫，其实这种想法是不正确的。你向领导汇报的是你的工作进展与工作情况，汇报工作本来就是工作内容的一部分，这样才能与领导进行有效沟通，才能更好地完成工作任务。它不是一种工作形式，而是实质的工作内容。

案例

某家电器公司的一位产品经理为了拓展业务，每天起早贪黑，晚上到家十分劳累，跑了很多地方，做了很多推广，但是由于自己的业绩不理想，所以没有向市场部部长汇报工作。

一个星期过去了，市场部部长很郁闷，他没有接到产品经理任何工作汇报，不知道他每天都在干什么。部长打电话过去的时候特别生气，质问产品经理："你在下面每天都忙些什么？市场做得怎么样？业绩如何？怎么连个电话都没有？"产品经理回答："我跑了好几个地级市，因为业绩上还没有成效，所以不好意思给您打电话。"

案例解析

通过上述案例我们了解到，产品经理并不懂得如何向领导汇报工作，没有与领导进行良好的沟通，所以让领导对他产生了误解。就算领导最后知道产品经理起早贪黑工作，也很难对他表示理解，因为他没有让部长及时了解他的工作进度。

正确的做法是：如果产品经理每天向部长汇报一次工作，告诉部长今天跑了哪些地方，见了哪些企业和哪些人，让部长了解他的工作进展，这样也能对他的工作给予相应的理解和帮助，至少不会到最后因为业绩不理想而责怪他。这就是及时汇报工作的重要性：减少误解，增加理解，给予帮助。

领导交代给我们的工作，根据内容、难易程度不同，完成任务所需的时间也不同，我们至少要保证每天一次汇报，积极主动地与领导沟通工作的进度，特别是每天下班的时候要对今天的工作进行总结和反馈。

可能有些任务需要好几天才能完成，你觉得工作没有做完没有必要向领导汇报，这种思想是不对的。正是因为需要好几天才能完成，才需要多向领导汇报工作，否则领导还以为你在偷懒。

知识放送

在工作中，及时向领导汇报工作有多重要？

在职场中，领导除了看中你的工作能力以外，做事的成熟度也是一个很重要的方面，而向领导及时汇报工作就是做事成熟的表现。

举个例子，如果你是领导，你给你的下属安排了一件事情让他去完成，但是你等了很久都没有收到下属的回信，你不知道这个下属是否完成了工作，完成得怎么样了。而当你等得不耐烦的时候，去问那个下属工作情况，他回答：我完成了。

这个时候，即使员工的工作完成得特别优秀，领导也往往不可能表扬，而且领导有可能会在心里留下不好的印象。领导心想：你做完了都不跟我汇报，还让我担心这么久，我要是不问你，我还不知道你做得怎么样了。

所以，及时汇报工作很重要，如果你不向领导汇报工作，不与领导沟通，你怎么知道你做的事情符不符合领导的要求，自己做的有没有达到标准呢？你在向领导汇报的过程中，让领导知道了项目的进展情况，了解了你工作中的困难与问题，领导还能给你想想解决办法，提供更好的解决方案。汇报工作对我们本身也有利。

对于领导自己来说，他很想知道任务进展情况，领导可以根据掌握的情况及时调整工作计划，并做出正确的决策。

而作为下属，特别是刚入职场的新人来说，一般都不喜欢向领导汇报工作，要等领导问起来才去报告，甚至任务完成了也不汇报。这是一个不好的习惯，需要改正。

及时汇报工作是我们工作中的重要环节，培养自己汇报工作的习惯，可以让你在职场中少走弯路。一定要让领导掌握你的“行踪”，不要让领导等待太久。

什么情况下，我们应该及时向领导汇报工作？

在职场中生存，我们要懂得一些职场的规则，这样才能在职场中发展得更加顺心顺意。比如，哪些事情必须要向领导及时汇报？如果汇报多了，领导会不会觉得自己没主见或者能力不够，嫌自己是个麻烦；如果汇报少了，领导会不会觉得自己工作太懒散，积极性不够，主动性不强，不懂得上下级的沟通。

其实，汇报工作的方式与企业文化和领导风格有关，但是基本的职场规则是相通的，下面介绍在哪几种情况下我们要及时向领导汇报工作，如图4-3所示。

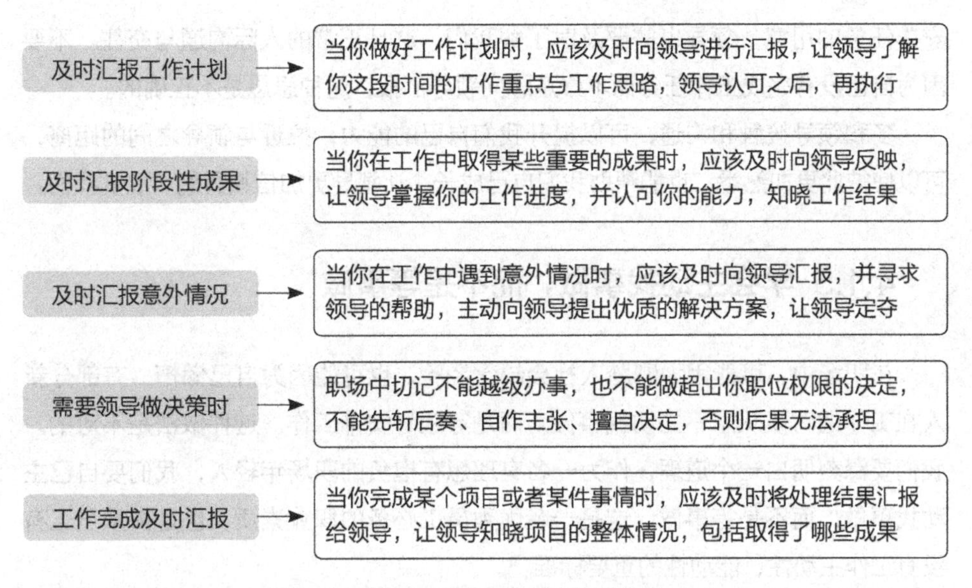

图4-3 要及时向领导汇报工作的5种情况

实践练习

怎样汇报工作才是最正确的做法?

很多刚入职场的新人在工作中遇到问题时，自己不先想想解决方案或者向同事请教和学习，经常以“我们碰到了这个问题，接下来应该怎么办”的方式，把自己的问题丢给领导。

这种做法是极不成熟的表现，我们要把“汇报工作”和“讨教问题”两者区分开来。你把问题丢给老板，那是讨教问题，不是汇报工作，在职场中如果你总是找老板讨教问题，只会让老板觉得你没有能力做好本职工作，也不具备解决问题的能力、思想不成熟等，可能被贴上幼稚、没能力的标签。

所以，我们在向领导汇报工作的时候，不要只有问题，还要带上问题的解决方案，最好每个问题自备3个解决方案让领导选择最佳方案。我们不应该给领导增添负担，否则，领导很可能就不会重用你。

有些领导的办公室门口，甚至贴着一张白纸，上面写着：遇到问题先想好3个解决方案再敲门。

小结

在职场中，我们要主动找领导沟通工作情况与工作进度，我们需要了解领导安排任务的用意，领导也需要及时了解我们，这是正常的人际沟通与交往。不要因为自己没有完成工作任务而不好意思向领导汇报，这种思想是不正确的。

多和领导接触和沟通，可以提升我们自己的能力，拉近与领导之间的距离，可以使彼此更加熟悉，也能帮助我们自己成长，让领导更加信赖我们、欣赏我们。

4.1.5 学会主动找事做，而不是等事做

在职场中，可能因为刚踏入社会缺乏经验，也可能因为自己懒惰，有部分新人在工作的时候从来不主动找事做，而是等领导安排工作。这种做法是不对的。我们要深刻明白一个道理，作为一名有理想有抱负的职场年轻人，我们要自己主动找事做，而不是等事做。这是一名优秀员工必备的职业素质，也是衡量员工有没有工作主动性、能动性的重要标准。

在如今这个快节奏的社会中，雇主与雇员、企业与员工之间的关系也发生了很大的变化，员工不只是为了赚钱而工作，老板也不是只需要会干活不会思考和创新的员工。

新时代的员工大部分都是高学历、高知识、高技能，激烈的竞争和紧张的节奏，都要求我们在工作中要主动找事做，做出成绩，证明自己，成就自己。

案 例

老张是公司市场部的经理，在市场和业务能力这方面非常优秀，有自己独到的见解和做事方式，每次公司的新产品要进入市场时，都是以老张独特的营销策略打响品牌。进入市场后，产品销售业绩也非常突出。

有一天，策划部的经理开玩笑地对老张说："张经理，你这么能干，干脆把我们策划部也收了吧！"大家听后都哈哈大笑，而老张却动起了心思，他觉得市场与策划本来就是相辅相成不可分割的工作内容，假如把市场和策划两个部门合并，这也不是没有可能，而且还能使自己在市场开拓中更好地发挥能力。

这一天回家后，老张立马从网上买了很多本与策划相关的书籍回来学习，一边看一边在工作中实践，理论与实践相结合的锻炼让他很快就掌握了策划的思路和技巧，使他成长迅速。

后来，策划部经理被同行高薪挖走，职位空缺，而新产品就要发布了，需要做市场营销策划方案，而人力资源部又没有招到合适的策划经理来任职。此时老张向总经理毛遂自荐，说他可以试一试。

总经理愣了一下，问：你一个市场部经理会做策划方案吗？在一次新品研讨会议上，总经理让老张说一说自己的想法，此时老张打开自己加班完成的策划方案PPT，把自己的想法和盘托出。说完后全场同事都特别惊讶，他的努力和能力得到了一致认可，他的方案更为新产品的营销打开了更多的销售渠道。

新产品发布之后，老张被公司提升为市场策划总监，薪资翻了好几倍，真是羡煞旁人。同事们都说他运气好，而只有他知道自己花了多少个晚上来学习，下了多少功夫去努力，这是他早有准备的结果。

案例解析

上述案例中老张的职场经历告诉我们，优秀的员工都是自己主动找事做的，机遇都是留给有准备的人。在这个竞争激烈的社会中，企业不再只需要听话的员工，更要勇于创新、善于动脑、积极主动做事的员工。如果我们能深刻明白这个道理，那么每天的工作都将变得更有意义。

当你带着目标去工作、去努力时，就不会觉得工作枯燥，而会从工作中感受到快乐，还能把自己的能力全面地发挥出来，那么将来的你一定会感谢现在奋斗的你。

知识放送

主动找事做的员工，都有哪些特征？

一个优秀的员工或者一个成功人士，做事通常是不需要别人来监督的，自己本身具备超强的自律性与执行力。只有那些自身能力不足的员工，才需要老板时时监督或时时吩咐其应该做什么事情。

在职场中我们要学会取人所长补己所短，让自己成为一个全面发展的人。俗话说技多不压身。只有这样，当机会来到时你才能牢牢抓住，不会失之交臂。

那些需要靠别人催促才能完成工作任务的员工会慢慢地被企业、被职场所淘汰，企业真正寻找的是那些主动找事做的员工，他们能自我管理、自我领导、自我催促、自我成长。一个积极主动做事的员工，一般都有哪些特征呢？如图4-4所示。

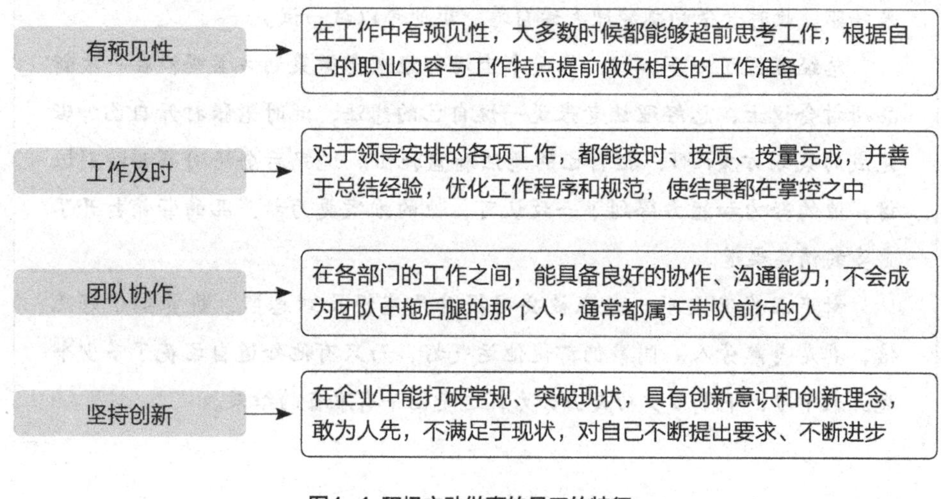

图4-4 积极主动做事的员工的特征

小结

在工作中最好的成长方式之一就是积极主动做事。只有积极工作，你才能积累更多的工作经验，才能在工作中发挥自身的价值，通过自己的努力主动出击，才更有可能得到公司与职场的认可。一名优秀的员工要具备较强的主动性，应该以饱满的精神投入到工作中，这是一种工作态度，往往只有拥有强烈责任心的人才能不断超越自我、实现自我。

4.1.6 做事要有始有终

不论你现在做的是什么样的工作，都要全力以赴地去做好它，这应该成为你在职场中的人生信条。我们要有责任心地完成好每一件事情，自己经手的工作一定要完美收场，否则可能会给我们的自身形象带来不好的影响。工作中不能以次充好，不能在工作时间偷懒或者做与工作无关的事情，这样才能成就我们自己。所以，不论你的职业是什么，做事一定要有始有终。

案例

小张是某大型公司的产品销售经理，经猎头公司介绍，准备跳槽到另一家快消品企业做销售总监，薪资翻了3倍。但这家公司因为刚好在开发一个新市场，总经理希望小张能马上入职，而小张原单位的辞职流程是需要提前一个月递交辞职报告向公司申请的，而且要做好各项工作交接，才算办完离职手续。

小张是一位具有职业道德的人，这么撒手走人不符合她的做事风格，而且在整个行业中对她的影响也非常不好，所以她向快消品公司的总经理回复："我不能立马入职，这边手上的工作还有几个业务在跟进，而且公司需要时间招到合适的人来接替我的岗位，这样才不会影响公司业务的整体进度。做事要有始有终有原则，离职时间我需要1个月，不知道贵公司能不能等我?"

总经理听完后觉得小张做事有始有终，具备优秀职业人的职业素养，难怪猎头会推荐她来做自己公司的销售总监。优秀的人才是值得等待的，所以总经理愿意等小张交接好手上的工作再过来入职。

案例解析

在上述案例中，小张离职前严格按照原公司的离职流程办理了各项离职手续，对工作认真负责，有始有终，这种态度和精神是值得我们学习的。良好的行为习惯会让小张越来越优秀，以后事业上也会越来越成功。

小结

那些认真对待工作的人，身上通常都有一种优秀的职业素质。做事有始有终可使我们自己在行业内形成很好的口碑。一个人成功的秘诀就在于决心、恒心、坚持到底，只有拥有高度的责任心，才能成就伟大的事业。

4.2
当家心态，这样的职场员工更容易成就自己

有些大学生上课像完成任务，只要自己出现在老师面前，出现在教室里就好，听不听课，学不学东西都无所谓。

对待老师布置的论文也是同样的态度。有的同学认为随便从网上下载一篇交上去就行，可能自己都不知道自己下载的文章是什么内容，做一天和尚撞一天钟，浑浑噩噩，从来不知道以认真的心态去对待每一件事情，不知道多思考，多学习东西，结果等到毕业后发现几年时间下来自己什么也没学到。

大学生的这种交差式行为就是缺少了当家心态，觉得自己是在为父母读书、为老师读书，其实他们不知道，他是在为自己读书，学到的东西都是自己的。

在职场中，很多人对待自己的工作也是这样随意的态度，他们认为自己是在为老板打工，而不是为自己工作。在他们眼里，工作只是一种赚钱糊口的手段，反正工资就这么多，做多做少结果都一样。

其实，这种想法是不正确的，如果你只是把工作当成糊口的一种方式，那么你一辈子都只是工作的奴隶。只有把工作当成自己的事业去做，以当家的心态来对待，你才能把工作做到优秀、做到极致，这时的你才真正走向事业的成功。

4.2.1 我就是企业的主人

如果你把自己当成企业的主人，你就会更加努力、更加勤奋、更加积极主动地工作，你会希望公司的每一个人都和你一样把工作当成自己的事业去做。作为一个企业的老板，往往要比常人有更高的素质和修养，要有良好的心态，坚强的意志力。

所以，如果你想当老板，从现在开始就要以企业主人翁的意识去工作，把工作当成自己的事业去努力，否则你永远也当不了一个成功的老板。

当老板对你提出相应的要求时，或者在工作中遇到问题时，你也要站在老板的立场上考虑一下，他为什么这样要求你，或者这件事情有没有更好的解决方案。设身处地站在老板的立场上想一想，你就理解了“老板”的真正含义。

在职场中，当你以企业主人翁的心态来对待公司、对待工作时，你就会逐渐成为老板的得力助手，成为他值得相信的人，你的业绩肯定也会非常优秀，能力自然越来越强。当你一个一个完成自己所设定的目标时，自己也就越来越优秀。

所以，在工作中拥有主人翁的意识非常重要，它能让你成为一名合格的员工，一个能担当重任的员工。

案例

某市一工厂的劳动模范小张，在对待劳动报酬方面体现出了强烈的主人翁态度。她是工厂里的一名普通女工，她不满足于按时完成厂里规定的劳动定额，主动给自己一再加码，增加工作任务，用自己出色的成绩提高了工厂的劳动生产率。

可是每次到了工厂发奖金的时候，她却一让再让。工厂里一些同志问她："你到底图什么？"她回答说："我只是在做我该做的事情，身为员工能做的事情。"

案例解析

上述案例中小张的行为告诉我们，一个人的劳动价值可以用金钱计算，但是金钱无法衡量一个普通工人崇高的主人翁精神。在企业中只有拥有了主人翁的心态，你才能将工作做得更出色。

假设你是老板，你是否愿意把重要的工作托付给小张一样的榜样员工？你是否愿意以物质形式支付给他们相应的奖励？你是否希望全公司的员工都能向他们学习？你当然愿意。现在你知道企业需要什么样的员工，老板需要什么样的左膀右臂，那你应该怎样来提高自己的主人翁意识呢？

实践练习

在职场中，如何培养自己做主人翁的心态？

企业的老板做事从来都不需要人监督，从来都是很主动地去工作，有时候下班时间还在陪客户谈生意，全身心投入到工作中，一心只想创造高绩效、高利润，主动承担责任，完成工作目标。那么，我们如何培养自己做主人翁的心态呢？下面以图解的方式进行分析，如图4-5所示。

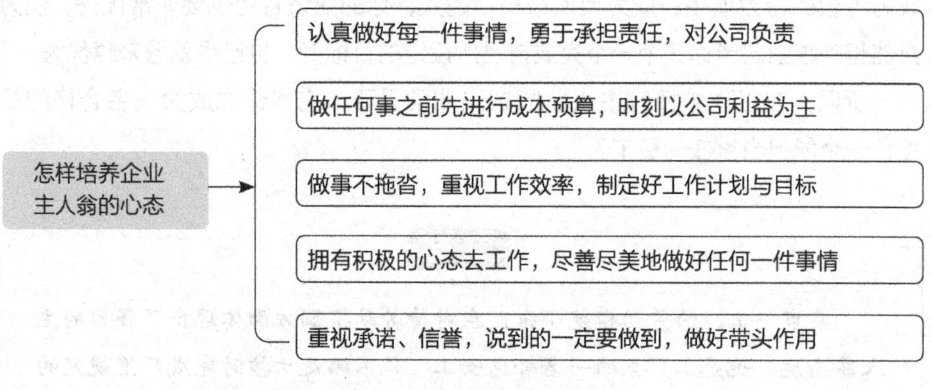

图4-5 培养自己做主人翁的心态的方法

小结

一个拥有企业主人翁意识的人，会尽职尽责完成好每一件事情，他们终将会拥有自己的事业。当你养成以企业主人的思维方式去思考一切问题的时候，你会像爱护自己一样去爱护公司，爱护公司的员工与公司的财产。这样的员工会经常告诉自己“我就是企业的主人，我是老板”，这样的人也是非常受公司欢迎的人，是老板一直在寻找的合伙人。

4.2.2 做事要超出老板的期望

在工作中能按时、按质、按量完成自己的工作任务，只能算得上是一个称职的员工，而在工作中能做出超过老板期望的结果，才是一名优秀的员工。我们要对自己高标准、高要求，对自己的要求要适当地高于老板给我们的要求，这样我们就一定能把工作做得更好。

如果你是一个文案工作者，那么初到公司你或许只能写写简单的文案，甚至是只能编辑一些文字，但随着上司对你工作的认可，为什么不多加些创意进去，朝策划的方向发展呢？

待自己熟悉情况了、思路广了，为什么不以企划的职责来严格要求自己呢？主动给自己施压，任何努力都会有回报，或许在你默默地努力工作时，你的上司已经在一旁开始注意你了。

进步是永远没有休止的，如果你有其他方面的才能，照样可以以同样的热情向其他方向努力。这样看来，期望值是可以人为地不断提升的，只要你愿意，你做的事就一定能超出老板的期望。

案例

小薇是公司的前台，但是有一次老板把一份业务清算报表给了她，要求她算出各项数据的总计，1小时后交给他。小薇数学还不错，20分钟后小薇不但把每个业务员的提成算清楚了，还做出总计和分析，把每个业务员的各项收入分别列出一张清单，交到老板的办公室。

老板本来只要求她核算出数据总计，看到这样的结果相当意外，当然更多的还是惊喜和满意。后来，老板让她打一份文件，是关于采购合同的内容。结果小薇发现了合同一个措辞上的漏洞，马上向老总反映了情况，就是因为小薇的这个发现，公司避免了几十万元的损失。

事后，老板提升小薇为自己的助理。小薇不但有了之前几倍的工资，还享受到了更多的福利待遇。

案例解析

做事能超出老板的预期，说明工作时用心了，这样的员工是非常受老板欢迎的。上述案例中的小薇，不仅优质地完成了老板要求的工作，还统计出了许多其他的数据，做了很多超出老板期望的事，既给了老板惊喜，又让自己升职加薪了。这是小薇通过自己的努力达到的双赢结果，对企业和对自己都是有利的。

小结

我们在职场中完成领导安排的工作时，其实可以在标准之上做得更好，我们可以给老板带来惊喜。只要我们用心对待工作，并将工作做得完美，一定会让老板注意到自己的努力，并收获更多的回报与职场的晋升机会。

只要我们坚持“对自己的要求要高于老板提出的要求”这一原则，我们就一定能取得更加非凡的成就。

4.2.3 公司就是你的船

企业就是一个组织，公司就是一条大船，人在社会中就是参与一个一个的组织，登上一条一条的大船。公司就是员工的船，员工需要在这条船上不断积累经验，施展自己的能力与才华，去实现自己的理想与抱负，而这条船也会带领着尽心尽力的员工成功驶向梦想的彼岸，实现人生的价值与意义。

如果将公司比喻成一条船，那员工们就是船上的水手，每一个人都有责任把握好船的方向，把握好船的质量。大家都有不可推卸的责任，因为这条船会带领我们驶向自己认为成功的地方。

所以船只是一个载体而已，虽然老板与员工之间是雇主和雇员的关系，但真正的老板是自己，每个员工都是在为自己工作。

公司是依靠利润生存的，如果没有利润就无法保证员工的基本生活，也无法保证企业日常的运营。企业的盈利建立在每一位员工认真努力工作的基础上，员工应该把公司当作自己命运的载体，与公司同呼吸、共命运，公司就会像你的船一样，载你驶向成功的彼岸。

案 例

美国一家石油公司的一位普通职员，名叫阿汗尔特，由于学历不高，他很珍惜这份来之不易的工作机会，任何时候都会站在公司立场思考问题，全心全意为公司服务，无条件维护公司的声誉。该石油公司的宣传口号是“石油每桶4美元”。因此不论在什么条件下，只要有自己需要签名的文件，阿汗尔特都会在签完名字的下方写上一行字：“石油每桶4美元”，就算是收据，也都会写上。

阿汗尔特把这个习惯一直坚持了下来，有些同事也会拿他开玩笑，取了个外号叫“每桶4美元”，尽量受到同事们的嘲笑，但阿汗尔特从来不在乎，依然在每个文件上写着这一行字。5年后的某一天，公司董事长戴维斯通过他人口中知道了此事，戴维斯特地请阿汗尔特吃了一顿饭，并问他为什么要这样做。阿汗尔特说：“这是公司的宣传口号，写得越多就会有越多的人知道，希望公司越来越好，越做越大！”

很多年以后，戴维斯卸任董事长一职，阿汗尔特一路升职成了公司第二任董事长。或许有些人会认为他是运气好，其实最重要的是他时刻为公司利益着想，忠于公司，忠于自己的事业，始终把公司当作自己的“船”，最终成了一船之长。

案例解析

上述案例中，阿汗尔特真正做到了把公司的事当成自己的事情做，一心一意只想将公司做得更好，他将公司的利益与自己的利益结合在一起，所以才这么努力。

公司兴，员工兴；公司衰，员工衰。他深刻明白这个道理，个人努力了，公司也做大做强了，同时也实现了自己的人生价值。

小结

公司就是员工的船，它承载了员工的前途，只有公司这条船顺利航行，员工才能够到达成功的彼岸，所以要忠诚于你的工作和公司。

水手的作用不容忽视，只有水手与船长同心协力，才能使船顺利驶向成功的彼岸。如果员工不忠诚于自己的岗位，那么公司这条船就会有沉没的危险。忠诚才显得如此重要和不可替代。

4.2.4 站在老板的立场上思考问题

无论你从事的是哪种工作、身处哪个岗位，当老板给你安排事情的时候，你都要尽力做好，因为老板是你最大的客户，你只有满足了老板的要求，你在职场上才能有更大的发展空间和晋升机会。

那么，怎么做才能满足老板的要求呢？这需要我们学会换位思考，站在老板的立场上考虑问题。如果你是老板，你希望员工怎么做？你希望自己得到什么样的答案？你希望看到什么样的结果？当你把这些都想到了，你自然就知道该怎么做了。

我们要学会站在老板的角度思考问题，思考的过程会让你受益匪浅，向优秀的人学习可以让自己变得更加优秀，跟随老板的步伐前进，能让你成为公司的中坚力量。

案 例

小源在大学时期学的专业是企业管理，毕业后他放弃了很多优质的工作机会，入职了一家互联网公司，职位是总经理助理。同学们都劝他不要去，还有很多工作比这个发展空间大，但小源有自己的打算，这家公司的老板年轻有为，他想跟着老板学管理。

入职的第一天，前任总经理助理小林和小源做工作交接。小林对小源说："你就是新来的助理吗？我还是劝你别干了，这份工作就是一个打杂的，根本学不到东西，工作内容就是收发文件、会议记录、安排董事长行程之类的，既无聊又没有含金量，简直浪费生命。"

小源虽然听他一肚子抱怨，但自己心里不以为然，因为他的看法不一样，他觉得从这份工作中还是可以学到不少东西的。收发文件时可以学习董事长的办事思路、处事方法；会议记录时可以更好地了解公司的运营状况与未来的发展规划。小源觉得如果站在老板的立场上，每个工作岗位都是具有一定价值的。

经过几年的不懈努力，小源现在是一家发展势头不错的创业公司的总经理。

案例解析

上述案例中，因为小源懂得站在老板的立场上思考问题，因此他在事业上的成功也是别人望尘莫及的。只有站在老板的角度思考问题，我们才能不断地提高自己的眼界和思维方式，为自己以后的成长奠定良好的基础。

知识放送

我们为什么要站在老板的立场上思考问题？

老板之所以能成为老板，往往有他特别的能力和优秀的品质，我们要向优秀的人学习，他们都是值得我们敬佩的人。下面介绍我们为什么要站在老板的立场上思考问题，这样做对我们有什么好处，如图4-6所示。

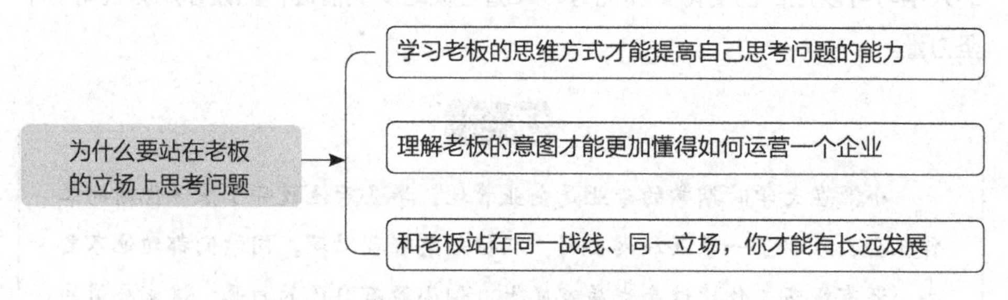

图4-6 站在老板的立场上思考问题的原因

实践练习

我们应该如何站在老板的立场上思考问题？

什么样的人在职场比较受欢迎呢？懂得站在老板的立场上思考问题是受欢迎的一个重要因素，下面介绍如何站在老板的角度思考问题，如图4-7所示。

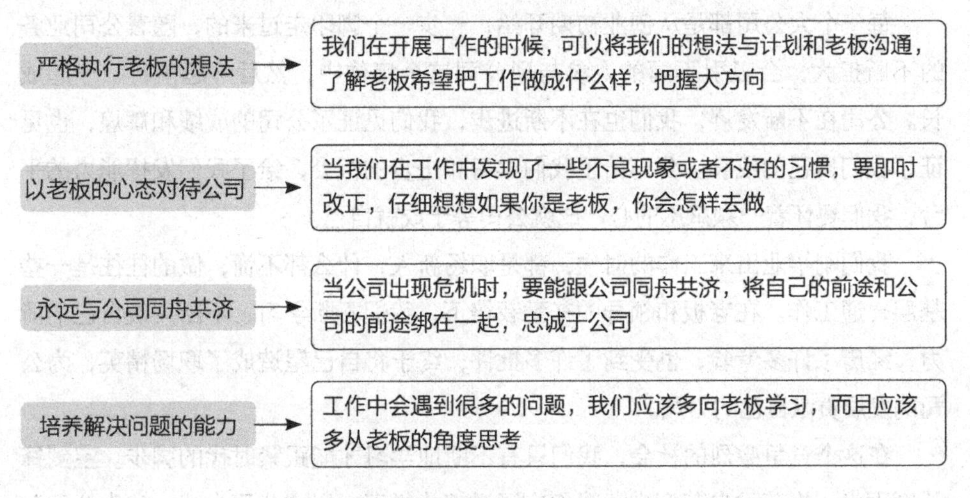

图4-7 站在老板的角度思考问题的方法

小结

站在老板的立场上去思考问题对我们自身的发展是非常有利的，不仅能提高自己的能力，还会发现自己的价值。当你以企业家的心态来面对公司、面对工作时，你会发现老板是你的朋友，你不仅仅只是一个员工，你是公司重要的成员，大家同心协力心往一个方向，努力实现共同的目标。

每个人都有自己崇拜的对象，在职场中，领导和老板就可以是我们学习和崇拜的对象。他们之所以站在企业的最高层，能成为企业的管理者，肯定有他们的过人之处，我们可以从领导身上学到很多管理者的知识和经验。向优秀的人学习是快速提升我们自身能力的一种方法，为我们以后的职业拓展奠定良好的基础。

很多人在职场中没有长远的眼光，往往被前面的利益所蒙蔽，哪里工资高就去哪里工作，他们忽视了最重要的事：这个环境是否能提升自己的能力，这个公司的领导是否值得学习。这些价值远比薪资重要得多。

4.3
担起责任，让自己越来越优秀

每一个大公司都是从创业初期开始，一步一个脚印走过来的，随着公司业务的不断扩大，会吸引不同的人参与到公司这个集体中，然后一起前行、一起成长。公司在不断发展，我们也在不断进步，我们见证了公司的成绩和辉煌，也见证了我们自己的成长。公司给了我们学习和进步的机会，给了我们发挥能力的平台，我们要怀着一颗感恩的心，成就公司等于成就自己。

我们刚毕业出来工作的时候，都是职场新人，什么都不懂，做的往往是一些基层普通工作。在老板和领导的辛勤栽培下，我们不断学习、不断突破自己的能力，经历了许多考验，也受到了许多批评，终于将自己塑造成了职场精英，为公司的发展贡献自己的力量。

在这个竞争激烈的社会，我们只有不断地学习才能跟紧时代的脚步。宝剑锋从磨砺出，梅花香自苦寒来。我们应通过努力学习，以“公司为我，我为公司”的心态承担起自己的责任，与公司并肩前行，共同进步。

4.3.1 让责任得以延伸

在职场中，当我们能力越来越强，职位越来越高，责任也越来越重大，勇于承担责任才能使自己越来越优秀，事业才会越来越成功。

某连锁超市的运营总监在超市营业期间视察工作，看到超市内的一名导购员服务态度非常不好，没有耐心，使一位顾客很不满意，最后放下东西走人了，而这位员工却不以为意，他觉得顾客生气和他没有任何关系。

运营总监对事情经过了解后，严厉批评了这位员工：“你的工作职责就是服务好每一位顾客，现在你用这样的态度对待顾客是严重不负责任的行为，不仅对公司不负责任，对你自己也不负责任，今天工作的时候你不努力，明天只能努力找工作。”

当我们进入一家公司，就要有与公司风雨同舟的决心，要时刻维护好公司的形象，为公司和客户提供更专业的服务，承担起我们的责任。如果我们不能服务好客户就意味着对工作的不负责任，不负责任的行为是不对的。

案例

一位家政服务人员打电话给当天服务的客户。

家政说："您家里还需要家政服务人员吗？"

客户说："不需要了，我这里已经请了家政服务人员。"

家政接着说："我会把家里的卫生打扫得一尘不染，非常干净的。"

客户说："我们家的家政服务人员已经做得蛮好了。"

家政又说："您的厨房、阳台、玻璃，我都会擦得很干净，厨房不会留油渍。"

客户说："我请的家政服务人员已经做得很出色了，所以我不再需要别人了。"

家政挂了电话，此时旁边另一个妇女问她："你不是就在他们家做家政服务吗？为什么还要打这样的电话？"

家政说："我只是想知道，我做的服务工作他们是否满意。"

案例解析

在职场中很多人都能尽力去完成工作，但很少有人问自己：我做的工作怎么样，领导对结果是否满意，其他同事是否满意？一般人只顾着事情做完就可以了，至于自己做得怎么样，并不关心。

在上述的情景对话中，家政能够反思并问自己"我做的工作别人是否满意？"，这本身就是一种负责任的态度。

作为职员能尽心、尽力、尽责地做好自己的本职工作，这是一种高度负责任的表现，也具有高度的敬业精神的表现，这就是一个好员工的典范。

责任本来就是工作中不可分割的一部分，我们要工作，就必须要有良好的责任心，承担起自己应尽的责任和义务，这是我们做好工作的前提，更是一个企业更好地发展的前提。我们要将责任根植于内心，这样才能让我们变得更加卓越。

实践练习

我们应该如何培养自己的责任心？

在工作中有些人头脑聪明却没什么大作为，业绩平平还经常出问题，原因之一就是缺乏责任心。责任心是一个成功者必须具备的条件之一，那我们应该如何培养自己的责任心呢？下面以图解的形式进行介绍，如图4-8所示。

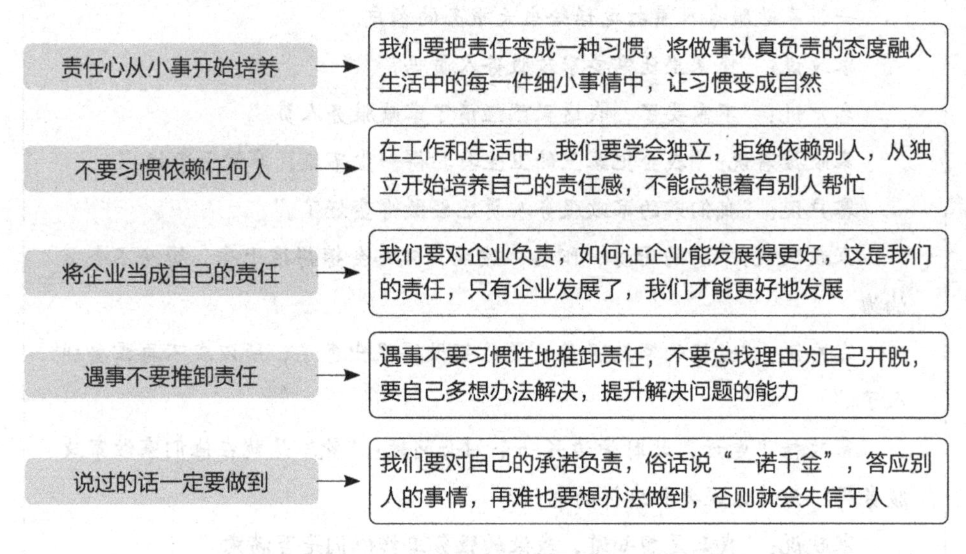

图4-8 培养自己的责任心的方法

小结

作为一个尽职尽责的好员工，在完成工作之后，如果还能让责任延伸，往往就能成为公司中优秀员工的代表。责任让我们一心一意对待工作，公司的信誉也是靠每一位员工建立和维护起来的，一个有责任心的人会得到别人的信任和信赖，也会被更多的人吸引。责任感是无价的，我们要怀着“责任——荣誉——企业”三位一体的信念，对企业负责，对自己负责，延伸责任感，尽职尽责完成好每一件事情。

4.3.2 让自己变得更加优秀

在职场中，我们应懂得我们是在为自己工作，而不是为老板，我们要把工作当成自己的事业去追求、去努力，用老板的心态面对公司的每一件事情，我们要让自己变得更加优秀。

在工作中我们不要太计较工资的多少，当自己的能力足够优秀时，升迁、加薪和奖励的机会往往会随之而来。公司会重视每一位优秀的员工，我们只需要保持积极的心态努力工作，让自己越来越优秀。

当我们完成一件事情的时候，对我们来说，将事情再做好一点点并不是什么难事。既然已经付出了99%的努力，那么再多付出1%也不是什么难事，我们要朝着100%的目标去努力，但很多人做不到。

当一件事情做得不理想的时候，失败的人总在为失败找借口，而成功的人总在找方法。当你解决了实际的问题时，自己的能力也有所提升，下次如果再遇到同样的问题时自己就有解决的办法了。所以，我们要学着不为失败找理由，只为成功找方法，这样才能让自己变得更加优秀。

在大草原上，你会发现一个有趣的现象：每天清晨当太阳刚刚升起的时候，动物们就开始了一天的奔跑，最先跑起来的是羚羊，然后是狼群，狼群的目的是追到羚羊，而羚羊如果不奔跑，就会被狼群吃掉。当狼群跑起来的时候，狮子也开始跑起来了，他们也在找羚羊，找自己一天的食物，否则今天就要挨饿。这样的奔跑在大草原上每天都会上演，动物们只有跑起来，才能获得生存机会。

其实，动物界的这种生存法则在我们人类的职场中也同样适用，我们只有奔跑起来，不断追求进步，不断创新，让自己越来越优秀，才能获得更大的舞台，获得更好的生活质量，获得更大的成功。往往只有这样的人才能成为一名优秀的员工，一名被老板器重的员工，他们这么努力也只是想让自己更加优秀。

案例

国外一位成功人士曾经这样讲述自己的致富之路：30年前，他刚刚进入社会，在一家生活用品店找到了一份打杂的工作，每年才挣500元。

有一天，一位顾客买了很多生活用品，锅碗瓢盆、盘子、水桶、被子等，货物堆放在三轮车上，满满的一车，拉起来十分吃力。其实他可以不用送货的，这并非他的工作职责，送货是纯属自愿，但他愿意帮顾客送货到家，而且他为自己的这种主动感到自豪，他觉得自己是一个对社会、对他人有用的人。

刚开始拉的时候，由于路面比较平坦，拉起来还是比较顺利的，但经过一段泥泞的路面时，三轮车的右车轮陷进了一个比较深的泥潭里，他怎么使劲都拉不出来。这时一位商人驾着一辆马车路过，商人借助自己的马将泥潭里的车轮拉出来了，还帮他将一车的货物送到了顾客家里。与顾客交接货物时，他仔细清点着货物的数目、价格，返回商店时已到深夜，老板并没有表扬他的善举，但他自己内心却十分高兴。

第二天早上的时候，那位驾着马车的商人来到了这家商店，出现在他的面前，并跟他说："你昨天与顾客交接、清点货物时，你耐心、细心和专注的态度让我十分感动，因此我想聘请你来做我××分店的店长，年薪5000元。"他接受了这份工作，从此获得了更大的发展。

案例解析

上述案例中，这位成功人士对工作认真负责，积极主动地做好每一件事情，用耐心、细心和专注的态度感动了那位商人，因此得到了商人的重用，从此改变了自己的一生。

在日常工作中，有很多环节都是我们在工作中能使自己提升的机会。大到对工作、公司的态度，小到正在完成的工作，甚至是接听一个电话、整理一份报表，只要是经由自己处理过的事，我们都要力求把它们做得完美，回报自然随之而来，这是毋庸置疑的。

但前提条件是，你要保持良好的状态，让自己更加优秀。

实践练习

我们应该如何让自己变得更加优秀？

在这个日新月异的时代，我们只有不断进步、不断努力，让自己变得更加优秀，才不会被这个社会所淘汰。那么，我们应该从哪些方面让自己变得更加优秀呢？如图4-9所示。

小结

在职场中，每当看到别人比自己做得好的时候，很多人都会问：你怎么那么优秀？这是一个很好的问题，值得我们每个人好好思考：到底是谁让一个人变得更优秀？答案只有一个，不是老板，不是同事，也不是家人，而是自己。

土耳其有一句谚语是这样说的：每个人心中都隐藏着一头雄狮，能让你自己奔跑起来的只有你自己，优秀是自己努力得来的。

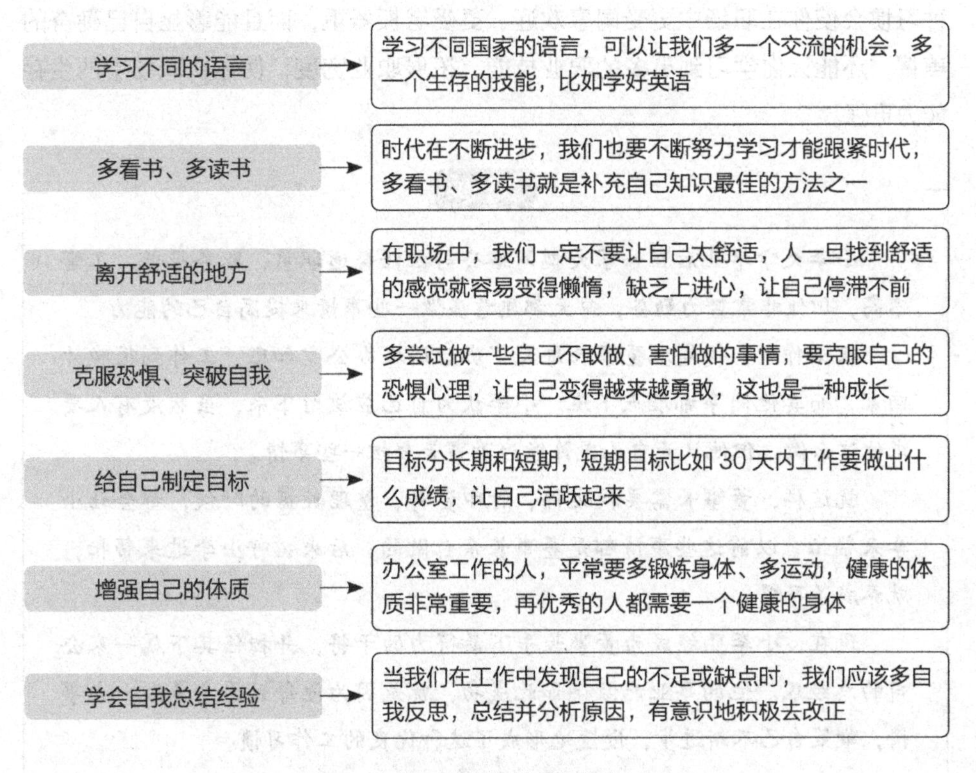

图4-9 让自己变得更加优秀的方法

4.3.3 做好分内是责任，做好分外是进取

很多员工在职场中把自己放在与老板对立的位置上，他们觉得每天都是在为老板打工，拿多少钱就做多少事，工资算得清清楚楚，哪怕是多做一点就能让工作结果更好，他们也不愿意。他们觉得自己是出来赚钱的，除了每个月拿到手的工资，他们觉得工作给自己带来不了什么了，也意识不到工作过程中自己的收获和成长。

而那些优秀的员工刚好与他们相反，他们不仅会做好分内的事情，因为这是自己本身的责任；他们还会做好分外的事情，这是一种优秀的进取精神。他们不是想“我必须要为老板做什么”，而是在思考“我还能为老板做些什么”，所以他们与普通员工的心理状态有本质的区别。

很多人能在事业上取得成功就是因为他们在工作中比别人多做了一些事情，当你将“多做一些事情”养成习惯的时候，你会发现自己收获的东西会更多。这种习惯会使你在职场中更受同事欢迎、更受老板器重，而且能彰显自己勤奋的美德，还能让你学习到更多的职业技能，拓展职业宽度，使你在职场中的生存能力更强。

案例

小李大学毕业后在一家大型网络公司担任普通职员，职务很低，工资不高，但他非常努力勤奋，每天都愿意多做一些事情来提高自己的能力。

在工作中，他发现董事长每天下班后还在办公室加班，工作到很晚才回家，而其他同事都准点下班。小李认为自己应该留下来，虽然没有人要求他这么做，但他认为自己或许能为董事长分担一些事情。

就这样，董事长需要找文件、打印资料、整理数据的时候，都会让小李来帮忙，以前这些事情都是董事长亲自做的，后来招呼小李过来帮忙，就养成了习惯。

现在，小李已经成为董事长手下最得力的干将，并担任其下属一家公司的总经理。他的事业能做得如此成功，就是因为他每天愿意多做一点事情，鞭策自己不断进步，慢慢地形成了这种优良的工作习惯。

案例解析

通过上述案例的介绍，小李不仅做好了本职工作，还愿意自发主动地做好分外的工作，这一点让董事长特别欣赏，也因此有了他现在事业上的成功。实际上，做好本职工作以外的工作是一条通往成功的捷径。

社会在不断发展，公司在不断扩大，个人承担的职责也越来越大，责任越大你应该越庆幸，这说明你对公司来说很重要。不要经常以“这不是我的职责”为理由逃避责任，如果将这种坏毛病养成习惯就不好了，会影响自身的长远发展。

当领导安排一些额外的工作给我们时，我们要将其看成是一种新的机遇，一个展现自己的机会，做好“分外之事”，赢得分外惊喜！

小结

在我们的工作中，其实不分“分内分外”之事，如果你将自己局限于“分内之事”，等于将自己画地为牢，自身能力难以突破，也无法得到更多的成长。我们要多接触新鲜的工作内容，多学习新的技能，这样才算对自己负责。

有些人之所以将“分内分外”分得那么清楚，是因为骨子里面的惰性。人一般习惯性做自己经常做的事，不愿意去接受新的事物，觉得麻烦，也怕惹麻烦，所以到最后职业道路越来越窄。我们要改变这种不良的心理状态，要学会挑战自己的能力，做的事情越多，你才越有能力。

在职场中一辈子平庸的人，做事不求有功但求无过，只要自己做好本职工作，对得起每个月到手的那份工资就好；而优秀的人做事只盯着结果和目标，力求将工作做得更好，超过老板的期望值，通过他们的不断努力、不断进取，实现自己的目标和人生价值。

企业中那些平庸之人虽然能让老板放心，但难成大事，只有那些在工作中不断创新、不断求发展的员工，才能与企业同步，为企业带来高效益。

4.3.4 辛勤工作，更要聪明工作

在工作中，我们要理解效率和效能的概念，“以正确的方式来做事”这是指的效率，“做正确的事”这是指的效能。当效率和效能两者不能兼得时，我们更应该注重效能，然后再想办法提高自己的工作效率。

在职场中，快节奏的生活和工作环境让我们时刻在强调速度的重要性。工作效率和效能是决定一个人成功的重要因素，如何在最短的时间内解决问题，如何想出更有效的办法，是每个人都在思考的问题。

所以我们不仅要辛勤地工作，工作中只有勤奋是远远不够的，我们要聪明地工作，要用脑子工作，这样才能创造出高绩效。换句话说，工作不是只要努力就能做出成绩的，还要掌握做事的方式和方法，这样才能以最快的速度达到我们的目的。

案例

小飞是一个花卉展览公司的普通职员，公司的花卉种植基地种满了各种名贵的花，每天都有大量游客慕名来赏花。最近花卉盆栽偶有丢失的情况，花卉基地的管理员在园区门口竖起了一块告示牌：凡偷窃花卉者，必有重罚。但是，几天过去了，花卉失窃的事件仍然在继续。

无奈之下，管理人员只好向公司总部请求援助，公司董事局召开会议，决定选一个人去把这件事解决。经过一番讨论，董事长决定让小飞去做这件事。

小飞到了花卉种植基地后，让管理人员把那块告示牌子撤下来，随后在反面写了几个字后挂到了园区门口。打这以后，植物园再未出现过丢失花卉的现象。小飞到底写的什么呢？原来他只是把牌子上的警告改动了一下，变成了“凡举报偷窃花卉者，奖励500元”。这件事在公司引起了同事们的兴趣，他们问小飞，为什么换一句话问题就解决了。

小飞说：“单单靠公司的人力去监管游客的行为，难度很大，几个人无法看管上千人，但如果能充分调动游客一起参与监督和管理，几千人管几个小偷，那就容易多了，还会让小偷产生惧怕心理，生怕其他游客看见自己做坏事。”

小飞是一个聪明的小伙子，他懂得以正确的方式来做事。董事长并没有忽视这件事，他从这件事上看到了小飞身上潜藏的能力，遂力排众议把他调到了公司企划部。事实证明，小飞的确是个很有想法、很有能力的年轻人，他为公司做的产品企划方案在市场上得到了极好的反响。

案例解析

上述案例让我们明白了工作也要讲究做事方法，方法不对，往往“事倍功半”。小飞充分调动了游客参与到监督和管理中，让植物园的偷窃行为再也没有发生过；之前的管理员虽然竖了告示牌，但是方法不对，因此失窃案仍在发生。

所以，工作中仅仅靠埋头苦干是很难成功的，每一个成功的人都有自己一套独特的办事方法。工作中我们学会找方法，不仅能大大提高我们的工作效率，还能改善我们的人际关系，常言道：聪明人，不蛮干。

知识放送

让自己聪明工作的7个方法

如果你懂得在工作中找方法，你的工作就会轻松很多，下面介绍一些让你事半功倍的做事方法和技巧，如图4-10所示。

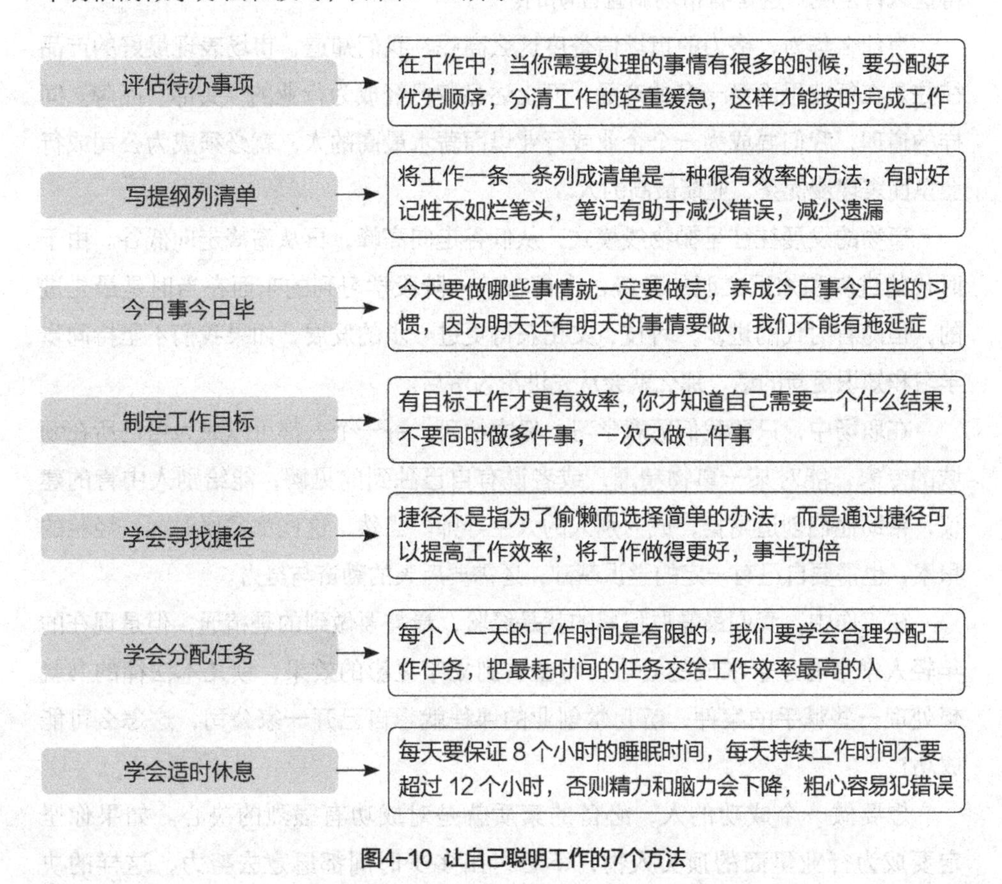

图4-10 让自己聪明工作的7个方法

小结

在这个社会中，除了勤勤恳恳工作还要能解决工作中出现的问题。当我们面对困难和挫折时，一定要静下心来想办法，想出好的解决方案，要知道我们需要什么样的结果，在工作中我们要学会动脑筋，勤于思考，这样的人在企业中才能有更好的发展，才能更好地服务于工作，为企业谋取利益。

4.3.5 成为所在领域的专家

如果我们要去商场买手机，很多人会选择华为，因为质量好、口碑好；如果家里需要购买一台空调，在经济条件允许的情况下很多人会选择格力。为什么说得这么肯定呢？这是有市场调查证明的。

为什么华为、格力的市场信誉度这么高呢？我们知道，市场表现最好的产品往往是在行业里面第一名的产品，而上述品牌已经成为行业的“头部”品牌。同样的道理，我们要成为一个企业或行业里面薪水最高的人，就必须成为公司或行业里面表现最优秀、业绩最高的人。

事物的发展往往呈抛物线模式，从低谷走向高峰，再从高峰走向低谷。由于时代的进步和知识文明的升级，人们在某一阶段学习到的东西在当时是最先进的，但随着时代的进步，科技、文化获得更进一步的发展，如果我们不坚持同步学习和知识更新的话，那么就会从先进沦为落后。

在职场中，只要我们愿意学习、努力钻研，每一个人都可以成为自己所在领域的专家，能对某一事物精通，或者说有自己独到的见解，能给别人中肯的建议，帮助他们创造财富，成为别人的人生导师。当然，这些都需要时间、经验的积累，也需要自己有一定的学识基础，还需要后天的勤奋与努力。

在工作中，我们最需要积累的就是经验，最需要做到的是精通，但是现在的年轻人常常有急于求成的心态，希望看到立竿见影的效果，读几本法律的书就想处理一些棘手的案件，听几堂创业的课程就想自己开一家公司，这怎么可能成功！

想要做一个成功的人，必备的素质就是对成功有强烈的决心。如果你坚定要成为行业里面的顶尖人物，不管付出多少时间都愿意去努力，这样的决心自然能促使你从人群中脱颖而出，成为所在领域的专家型人物，得到大家的信任，得到良好的口碑，收入自然也攀升到常人的三倍、五倍甚至是几十倍的水平。

成为所在领域的专家，这不仅仅是我们个人对于自己的要求，现在企业也越来越需要这种人才。

案例

小川家庭条件不好，是一个留守儿童，奶奶一手带大了他。他没有受过多少教育，刚开始工作的时候，他很不自信，任职的只是一个基层的销售员工作。

但是他认识到，行业里面每一个顶尖的人物都是从最基层开始做起的。公司里很多总监、副总级别的领导，最初也是从做业务开始的。

有了这个认识后，小川就去请教一个部门经理成功的原因。部门经理看着小川的眼睛，认真说："实话告诉你，我没有成功的秘诀，我不比别人聪明，但是我知道一定要把自己的工作做到最好，做到全公司最好，做到同行业最好。当初凭借自己的努力付出我做到了，所以我成功了。"小川听完经理一席话，豁然省悟。对呀，只有成为行业里最优秀的才能成功。

在这样的启发下，小川每天拜访大量的客户，在拜访过程中他也不断了解其他同类产品在市场上的销售情况以及它们的优缺点。两个月后，凭着对本行业的精深理解和对客户需求的掌握，他签下了公司销售额的50%。

然而这并不是他想要的，他要做本行业最好的。在这样的目标面前，他更加努力了。半年后，小川的销售额占到了该产品在市场上的30%。

案例解析

小川的经历告诉我们，不要认为别人比自己强，别人比自己聪明，就不努力了。所有的技巧都是可以学会的，只要自己足够努力就可以成为行业里的专家。

所以，无论我们从事什么样的职业，我们都应该去精通它，成为这个行业中的行家里手，这应该成为我们每一个职场人士的最终目标。

下定决心让自己变得专业，变得比他人更加精通，这就是你成功的秘密武器。

实践练习

我们应该如何成为行业领域内的专家?

如何成为一个行业领域内的专家，这个目标对我们来说似乎很难达到，特别是如今的年轻人工作稳定性较差，跳槽很频繁，工作经验难以得到积累，就很难成功。如果不专注一个领域，不在一个行业中认真学习，又怎能成为专家型人才，怎能积累你的人脉圈呢？

一般来说，在一个行业十年以上，你大概就能成为这个行业的专家了；在一个行业十五年以上，你就可能是这个领域的顶尖人物了。前提是这十年、十五年中，你一直在勤奋努力、刻苦钻研，而不是天天混日子。

下面以图解的形式分析如何成为行业领域内的专家，其实也没有想象中的那么难，我们先来学习一下，如图4-11所示。

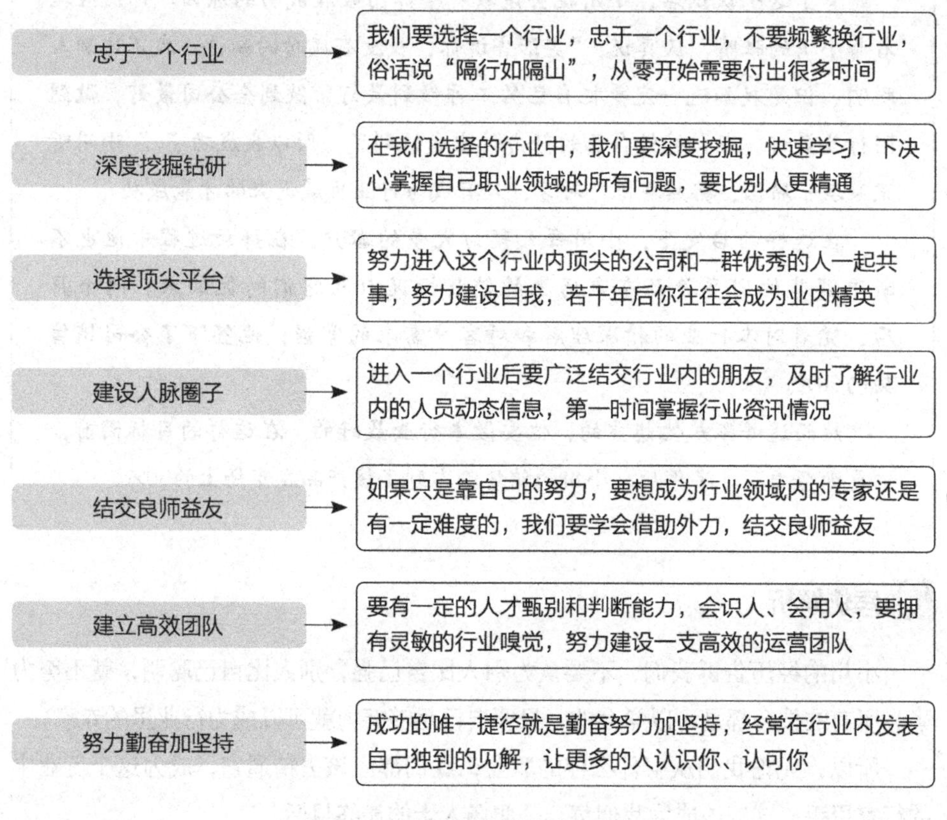

图4-11 成为行业领域内专家的方法

小结

在工作中，如果你想成为所在领域的专家，就要学会不断给自己施加压力，把工作中的压力变成学习的动力。如果你不这样做，你可能面临着另一种危机。

到公司的第一年你可以是个不谙世事的毛头小伙子，第二年你也有理由不是最优秀的，那第三年、第四年呢？难道机会会永远等你吗？即便是这样，你愿意自己一辈子平庸吗？要想提高自身的含金量，只有不断努力和进取，做到行业的佼佼者。

4.3.6 不满足于尚可的工作表现

我们在职场中要有将工作做到极致的精神，不要满足于目前尚可的工作表现，如果你止步不前，那么你如何突破自己？如何进步？如何成为公司中不可或缺的人物呢？那些成功的人往往都不满足于自己目前尚可的工作表现与工作能力，他们对自己的要求很高，不仅要将事情完成，还要将事情做得完美，他们不断提升自己，增强自己的力量，让自己越来越优秀。

案例

一位富翁要出远门办事，走之前他将家里的财产分配给了3个仆人保管，根据仆人能力的区别，富翁把20两银子给了第1个仆人，把10两银子给了第2个仆人，把4两银子给了第3个仆人，富翁希望他们保管好。

拿着20两银子的那个仆人靠着自己的聪明才智用于投资，赚了20两银子；拿着10两银行的仆人通过自己的努力经商，也赚了10两银子；而拿着4两银子的那个仆人，把钱藏在了家里床底下。

等到富翁回来，与他们结算银两的时候，拿着20两银子的仆人给了富翁40两银子，拿着10两银子的仆人给了富翁20两银子，富翁说："你们做得很好，能力非常不错，有经商的头脑，以后跟着我经商，我会让你们赚更多的钱，享受更好的生活，现在去领你们的奖赏吧！"

最后，拿着4两银子的仆人来找富翁了，他对富翁说："我怕银子丢了，于是把银子藏在床底下，现在一分不少地给您。"他觉得完好地保存了富翁的4两银子就是忠诚的表现，还希望得到富翁的赞赏，在他看来他只要不丢失就已经完成了富翁交给他的任务。富翁望着仆人说："你又懒又没有能力，也没有上进心，只能继续在家里做杂工了。"

案例解析

通过上述案例我们可以明白，富翁可不是只希望他们保管好各自的银两，从富翁自身的利益出发，他希望仆人们能通过自己的努力自动自发地去锻炼自己、提升自己，让自己变得更优秀一些，好安排更重要的事情给他们做。

这里的富翁好比我们的企业、老板，仆人好比员工，老板也希望员工不要满足于目前的工作状态，希望他们能自动自发地突破自己，让自己变得更加优秀。

小结

一个优秀的员工除了要尽职尽责地完成好本职工作，还要时刻提醒自己，如何能再进步一点点，如何能为公司再多做一点点？这种积极的态度将促使你在工作中更加努力和主动，你付出的努力将会给你带来更多的回报，为自己争取更多成长机会。

所以在工作中，我们要严格要求自己，能将工作做到100%，就不能只完成99%，优秀的人在工作中永远带着热情与信心。从今天开始，你要不断给自己输入正能量，告诉自己：我可以做得更好，变得更加优秀。

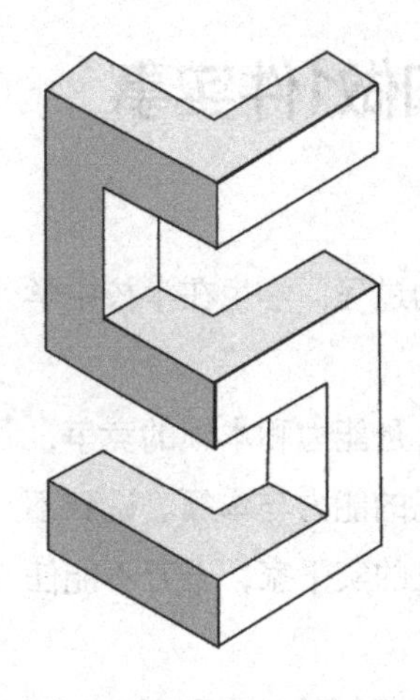

第5章

行为跃迁：从思维导向到行为导向的修炼

大学期间训练的是一种思维能力，更注重过程，注重成长，而在企业，领导需要的主要是事情的结果，并不会过多地关注过程，企业的经营目的是为社会提供产品。因此，我们要锻炼自己的行为，从思维导向向行为导向转变。

5.1

付出行动，说100件事永远不如做1件实事

思维导向到行为导向转变是指由会学、会想到会做的过程，学生在学校中学习，重点是在开发自己的智力，学习知识，增长见识。

学校是讲学习成绩的，是记忆思维的竞争，而职业人是能力和本领的竞争，是交往、沟通的竞争，要想在企业中立足就必须提高自己的能力与本领。说到不如做到，要做就做最好，付出自己的行动，成为一名真正的实干家，千万不能任何事情都仅仅停留在想法上。

当我们还是学生时，习惯“指点江山，激扬文字”，多是评价社会和别人；而作为一名职业人，特别是刚毕业出来工作的时候，更多的是别人在评价你。一个没有付出过行动的人往往喜欢当一个评论家，对别人评头论足，当你自己实际行动的时候才知道其中的过程和艰辛。

真正可敬、可信的是那些说得少做得多、会帮助别人的人，成功往往属于马上行动的人。

5.1.1 学以致用，将知识转化为能力

俗话说“学以致用”，当你能将知识转化为能力的时候，那才是发挥了知识的力量。

在职场中有这么一群人，领导安排工作给他，他接受工作之后没有任何反馈和回复，还一直处于“思考”状态，也没有任何行动。这样的员工只会想、不会做，是非常不合格的员工。职场中还有一种人，能说会道，夸夸其谈，动嘴皮子特别厉害，说起话来一套一套的，但却没有实际的行动。还有一种完美主义者，做事思前想后，利弊分析得很清楚，但自己始终下不了决心，等考虑好了下决心的时候，机会已经不在了。

我们处在这个变化极快的时代，身在职场很难预测明天会怎样，很多事情当我们想不通的时候，不妨大胆行动起来，将自己学到的东西学以致用，将知识转化为能力，一边做一边想，一边观察一边行动，然后制订下一步的目标和计划。

也许你的学历很高，证书很多，还是名牌大学毕业；也许你的知识和理论学

得很精通；也许你对自己的修养和气质很自信。但如果你做不好领导安排的工作，你在职场又有什么作用？这个时候我们应该反思，自己的行动力怎么样，应该如何提高自己。

在职场中有“为”才有“位”，不管你的知识多么渊博，如果你在工作中不会学以致用，不知道将知识转化为能力，那都是空口白话，别人会认为你只会纸上谈兵，没有一点实际能力。

知识是一种无形的资产，我们只有在工作中灵活运用这种资产才能创建更多的财富和价值，我们要做到学以致用，知行合一。

案 例

小静和小敏同时被一家大型公司录用为设计员，小静毕业于一所名牌大学的设计专业，不仅人长得漂亮，而且才华横溢，设计出来的效果非常有创意，面试时就赢得了部门经理的青睐。

而小敏职高毕业，家庭条件不好，不过小敏勤奋努力，不怕吃苦，所有关于设计的技能全是自学成才。公司有人传言，说小敏能够被录用，是因为某领导是她亲戚。

正因为如此，小静一直瞧不上小敏，觉得小敏什么都不如她，居然还能和她在一个部门工作，心里觉得特别不公平。领导安排的设计工作，对于小静来说，很轻松就能完成，而对于小敏，要加班才能勉强完成任务。

小静其他的时间就在办公室看新闻、逛淘宝，或者和朋友聊微信，下了班就去逛街、购物或者和朋友聚会。而小敏每天都起早贪黑，白天努力工作，晚上努力学习，不断提升自己的能力。

半年后，小敏被公司提升为设计部主管，对此，小静心里很不平衡，气愤地说道：“她就凭着公司里面有领导是她家亲戚，她就能顺利升职吗？在这样的公司工作有什么前途可言！”

此时，部门经理拿了小敏设计的方案给小静看，小静看完后大吃一惊，不仅画面的配色质感比她强，广告设计创意更比她强，小敏已经完成了脱胎换骨的转变！

原来，小静在娱乐时，小敏在努力学习，不断进步，然后在工作中学以致用，所以小敏的设计水平不断提高。两年后，小敏被提升为设计部经理，而小静还是一个普通的设计员。

案例解析

通过上述案例我们可以知道，小静停止了学习，停止了进步，就算之前颇有能力，也会慢慢被企业淘汰，她在安逸的环境中忘记了社会在不断变化，忘记了自己也需要成长。而小敏却通过不断学习，不断进步，将知识转化为能力，得到了公司和领导的一致认可，升职加薪也随之而来，事业越来越成功。

小结

一个人拥有多少知识并不能成为骄傲的资本，因为这个社会在不断变化，如果你不学习，原有的知识和能力就可能会被淘汰，跟不上时代。

我们只有不断地学习，并将知识迅速转化为能力，才能提高工作绩效，这才是我们追求的目标。我们在职业发展的过程中，要不断吸收新的知识和技能，这样才能在工作中发挥最大的价值和能力，为企业创造更多的利润和效益。

5.1.2 说得多不如做得好

“踏踏实实工作，老老实实做人”，是很多领导教导员工在工作中要遵循的行为准则。工作中踏踏实实、勤勤恳恳是每一个员工的必修课。

拥有实干精神的员工往往能在企业中迅速地脱颖而出，能实现自己的人生价值，踏实肯干的精神能使他在工作中取得好的成绩，工作中只有行动才是你最好的表达。

一个优秀的企业，一名优秀的员工，他们更注重自己做了什么，做出了哪些成绩，他们做的永远都要比说得多。

任何事情只有去做了，去努力了，才有机会达到自己理想中的结果，如果不动手去做，永远只是纸上谈兵，更没有说服力。优秀的企业都重视行动力，有行动才有可能完成目标任务。

案 例

小彭和小刘同时进入一家电子商务公司工作，小彭能言善道，说话特甜，在公司特别受同事和领导的喜欢。每次参加公司集体活动的时候，小彭都特别活跃，经常说一些笑话逗得大家哈哈大笑，让紧张的氛围一下子就轻松起来了，领导夸他是大家的开心果。

每一次公司开会要开发新项目时，小彭总能提出很多建议和优质的方案，而且经常得到大家一致认可。但小彭有一个毛病，就是说得多做得少，每次做完项目的计划之后就没有下文了，很少去执行，所以结果都不理想。

而小刘却与小彭截然相反，小刘不会在领导面前刻意表现自己，也不太爱说话，但他自己有了工作计划之后，都会严格执行，不需要任何人监督，自觉性很强，让领导特别放心。小刘通过自己的努力和勤奋，一步步地完成了自己的工作，自身能力也在一天天增长。

一年后，小刘被提升为部门主管，而小彭还是一个普通职员，他不服气地去找领导理论："他凭什么比我强，我哪一点比不上小刘？"领导听完后，对小彭说："你的表达能力确实比小刘强，让大家觉得你很能干，但你要明白，工作不是纸上谈兵，企业需要的是务实的人，这才是企业最需要的人才。"

案例解析

上述案例让我们明白，小刘才是企业真正需要的人才。在企业中，无论我们嘴上功夫有多好，最终如果没有行动、没有执行力，那都是夸夸其谈和空想。我们要用行动证明自己的能力，要用行动来替自己说话。重视行动的人在职场中才能找到更广阔的发展空间。

小结

从今天开始让自己成为一名优秀的员工，成为一名能为企业创造价值的员工，而这一切只有去行动才能实现，空想是没有用的。当你正在努力实现自己梦想的时候，你的一言一行会感染身边的人，你会成为他们的榜样。

5.1.3 付出行动才能成功

当你给自己定下目标，下决心一定要出色地完成每一项工作时，你就会全身心地投入到工作中。只有赶紧行动、朝着目标前进，才能做出优异的工作成绩。

在职场中有很多懒散的人，他们是“思想上的巨人，行动上的矮子”，他们常常抱怨自己没有机会施展才华，没有遇到识人的伯乐，其实真正的原因是他们没有付出行动。行动是开启财富之门的钥匙，行动能证明自己的能力。

只有你能够积极行动起来，你才能把工作当成一种享受、一种乐趣。其实行动也是一种能力，我们把它叫作执行力。我们要采取正确的行动，每天做成一件小事，经过日积月累，慢慢就会变成大事、大成就了。

案例

一个学企业管理的大学生，毕业后通过考试进入政府机关工作，许多人都羡慕他做着一份稳定又轻松的工作。

然而，工作一段时间后，他变得郁郁寡欢，原来他的工作内容与所学专业一点关系都没有，虽然工作轻松，但一身本领无处施展，白白浪费了青春。他想辞职去企业锻炼自己，但又舍不得放弃眼下这份工作，至少环境舒适，福利好，人人羡慕。而且辞职去企业工作风险大，万一不合适、不喜欢，自己又该何去何从呢？

这位年轻人纠结了很久，有很多想法，但都没有付诸行动，他去找父亲，把矛盾讲给父亲听，父亲说：“你要想知道外面的世界有多精彩，就要勇敢地出去闯，用行动证明自己的选择是正确的，不要停留在想法上，只有自己行动起来，努力了，才不会留下遗憾和后悔。”

听完父亲的话，年轻人果断辞去了政府机关的工作，外出闯天下，后来他的确闯出了一番事业，他成功了。

案例解析

这个案例告诉我们，不管你有多少想法，只有真正付出了实际行动才会有结果。上述案例中的年轻人，一开始想法很多，但是都迟迟没有行动，后来经过父亲的教导后才下定决心要勇敢闯出自己的一番事业，最后才得以成功。

小结

心动不如行动，我们要把注意力集中在自己的行动上，无论我们要做什么事情，都要有一种积极主动的心态和意识，我们只有为目标付诸行动才能走向成功。

5.2 高效做事，如何让业绩比其他人高得多

高效做事是指在领导规定的时间内按时或提前完成工作任务，用最少的时间完成最多的工作量，实现最大的效益，不仅做事的速度要快，而且质量要好，这才是高效做事。高效是成功人士必备的工作方法之一，高效是一种良好的习惯，只有高效才能体现出一个人的能力优势，用高效战胜竞争对手，赢得成功。

在工作中激情是高效的持久动力，心灵的力量是无比巨大的，我们只有带着激情去工作，才更有可能高效地完成工作任务，获得事业上的成就与满足感。我们要在自己心里产生一种“激情—高效—更多激情—更加高效”的良性循环，让自己在工作中达到最佳的状态，达到一种忘我的境界。

5.2.1 努力提高自己的执行力

“执行力”一词来源于企业管理，它是衡量员工价值的第一标准，是指员工根据企业既定的目标完成工作任务的一种动手操作能力。一个企业的成功，三分靠战略模式，七分靠执行，可见执行力的重要性。

企业制订的任何计划、目标、方案，只有执行了才有机会达到预期的效果，执行力是将领导决策落地的关键，没有执行，一切都是空谈。因此，提高自己的执行力，把执行变得高效，这是工作中的重点。

案例

小瑶和小芳是大学同学，毕业时通过校园招聘会进入了同一家企业，负责该企业的活动策划工作。有一次，领导给小瑶和小芳安排了一件事，要求小瑶和小芳在两天内各自做出一份新品活动方案。

小瑶接到工作后，不急不慢地回到座位上，先是看了一会儿新闻，又玩了一会儿手机，她觉得反正有两天时间，也不急在这一时，上午先轻松一下，下午再开始写方案也不迟。

而小芳接到工作后立马开始准备方案内容。一天下来，小芳的工作已经完成得差不多了，只要做最后的方案修订就可以了，而小瑶的方案才刚刚开始写。

第二天上午的时候，小芳已经将做好的方案交给领导，提前完成了领导安排的工作任务，领导看完小芳的活动方案后，连连称赞，对小芳的执行力感到非常满意。而小瑶到第二天下班时，都没有做出一份合格的活动方案，也没有按时完成领导安排的工作任务，直到第三天下班时，才交上来。

一年后，小芳被提升为策划主管，而小瑶还是一名普通的职员。

案例解析

通过上述案例对比，显而易见，小芳的执行力非常强，得到了领导的认可；而小瑶却无法按时、按质、按量完成领导安排的工作，执行力非常差。因此，两人在职场中的发展和前途，也相距甚远。

知识放送

提高个人执行力的基本原则有哪些？

在职场中，如果我们能高效地完成领导安排的工作任务，就是执行力好的一种表现。我们在执行领导安排的工作任务时也要遵循相关的原则，这样才能提高我们的执行力，基本原则如图5-1所示。

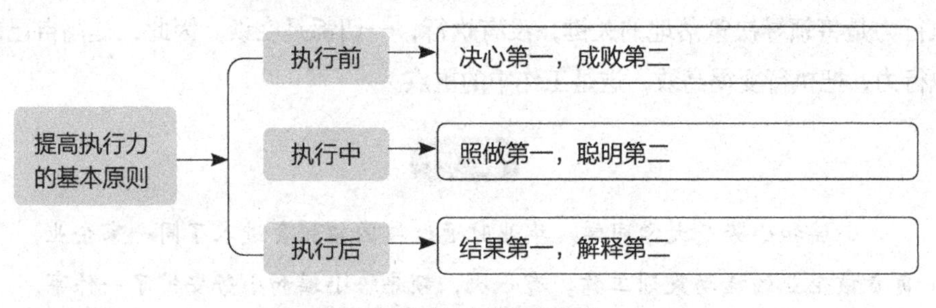

图5-1 提高执行力的基本原则

导致执行力不足的原因有哪些？

一个企业无论是制定企业制度还是工作项目，其生命力都在于落实和执行，伟大事业的成功来自做好每一件小事，注重每一个细节。

从个人角度来说，执行力代表了个人的“行动能力”，如果没有执行力或者执行力不强，那么一切梦想、设想，就会变成幻想和空想，最终一事无成。

很多企业一直在强调执行力，喊着目标和口号，可结果依然无法令人满意，这是因为他们只是强调执行力，而不是真正去做到。

在职场中，我们需要分析执行力不足的原因，好对症下药，改进自己的不足之处，如图5-2所示。

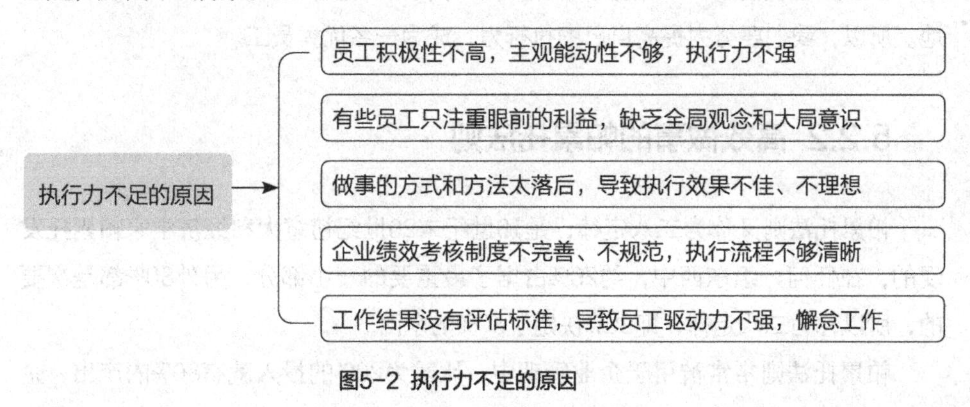

图5-2 执行力不足的原因

实践练习

我们应该从哪些方面提高自己的执行力?

知己知彼才能百战百胜。当我们了解了自己执行力不强的原因后，应该想办法改变自身的不足，让自己变得越来越优秀。下面以图解的形式介绍提高执行力的方法，如图5-3所示。

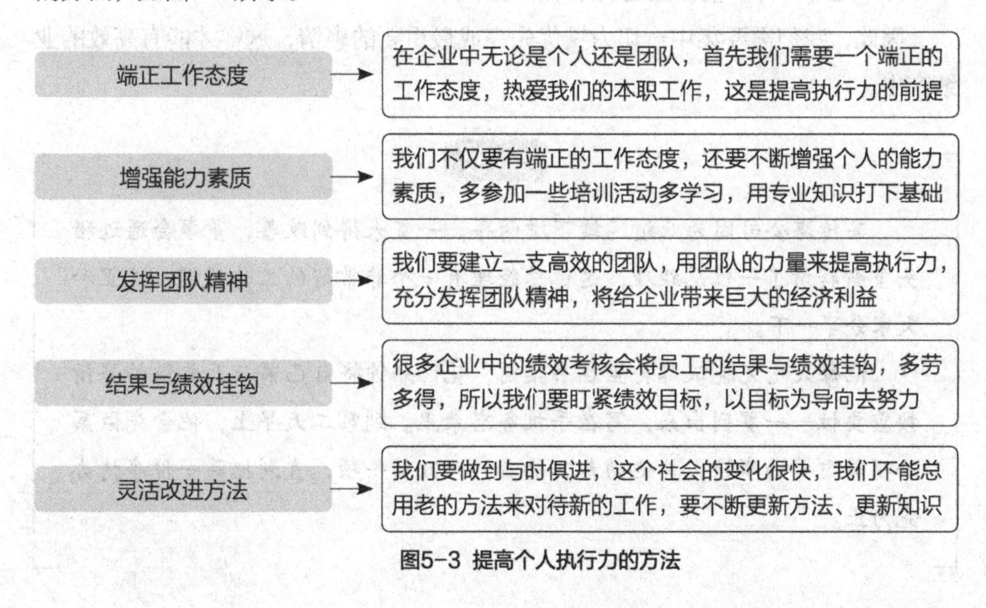

图5-3 提高个人执行力的方法

小结

执行力是企业的核心竞争力，在这个竞争如此激烈的时代，企业对员工的执行力有着严格的要求，执行力的好坏直接影响企业未来的发展状况。

企业要求我们按100%的执行力达到工作目标，这样企业在市场中才有立足之地。所以，我们要努力提高自己的执行力，成为一名优秀员工。

5.2.2 高效做事的帕累托法则

帕累托法则又称为二八定律，是19世纪末20世纪初意大利经济学家帕累托发现的，在任何一组东西中，约20%占据了最重要的一小部分，另外80%都是次要的，所以称为二八定律，即20%决定了80%的东西。

帕累托法则常常被用于企业管理中，比喻为20%的投入就有80%的产出，企业在取得极佳业绩的同时减少成本的支出，赢得了极大的利润。在工作或者生活中，如果你留心就会发现一个问题，往往80%的业绩都是那20%的客户带来的，80%的利润都来源于20%的项目，世界上20%的人拥有80%的社会财富。

我们在工作中也一样，20%的事情往往决定了80%的业绩结果，这就是所谓的帕累托法则。我们每天都有许多的工作内容，在完成每一个工作任务的过程中，并不是每一件事情都能达到预期的效果。

因此，我们需要集中一切力量优先完成最重要的事情，这样才能有高效的业绩产出。

案例

某传媒公司因为业绩连续下滑两年，一直未得到改善，董事会通过猎头重新聘请了一位总经理，这位总经理有一个非常好的工作习惯，这里和大家分享一下。

他每天吃完晚饭都会坐在书桌前，花10分钟将自己第二天要做的事情按重要性一一罗列出来，写在手机备忘录里。到第二天早上，他会先做第一项最重要的事情，其他的都不要看，只做第一项，直到把第一件事情办完为止。

然后开始着手做第二项，第三项……直到下班。这个习惯他从毕业出来工作就一直保持着，这个习惯对他的影响非常大，他进入传媒公司后还教导公司中的其他员工按照他的这种方法来做，每天先花10分钟的时间定好工作计划和目标，然后按计划一条一条做，这个习惯提高了公司整体的工作绩效，年利润提升了30%。

案例解析

上述案例就是二八定律最形象的说明。该经理在时间管理和事情分配上很好地运用了帕累托法则，提高了公司员工的工作绩效，为公司提升了30%的利润，得到了董事会的一致认可。

知识放送

帕累托法则对我们有哪些现实意义？

帕累托法则不仅在企业管理、经济学领域的应用十分广泛，它对我们自身的发展也具有非常重要的影响和现实意义。

帕累托法则教会了我们：每个人的时间都是有限的，不要把大量的时间和精力花在一些琐碎的事情上，要学会抓住和把握工作中的重点事项，要想做好“每一件事情”是非常难的，面面俱到不如重点突破。

所以，我们要合理地分配和安排自己的时间，用20%的事情带动80%的工作结果，这样才能有高绩效的结果产出。下面以图解的形式，介绍帕累托法则对我们的现实意义，至少可以解决我们6个方面的问题，如图5-4所示。

小结

帕累托法则是一种不平衡关系的简称，以计量投入与产出之间可能存在的关系。帕累托法则在我们的生活和工作中无处不在，并且时时刻刻影响着我们的生活和工作。很多人在有限的时间内因为做的事情太多了，因此挤走了做最重要事情的时间，成功的关键之一就在于能按事情的重要程度的次序来做事。

所以在工作中，我们不能被一些无谓的小事困扰，要把时间花在最重要的事情上。

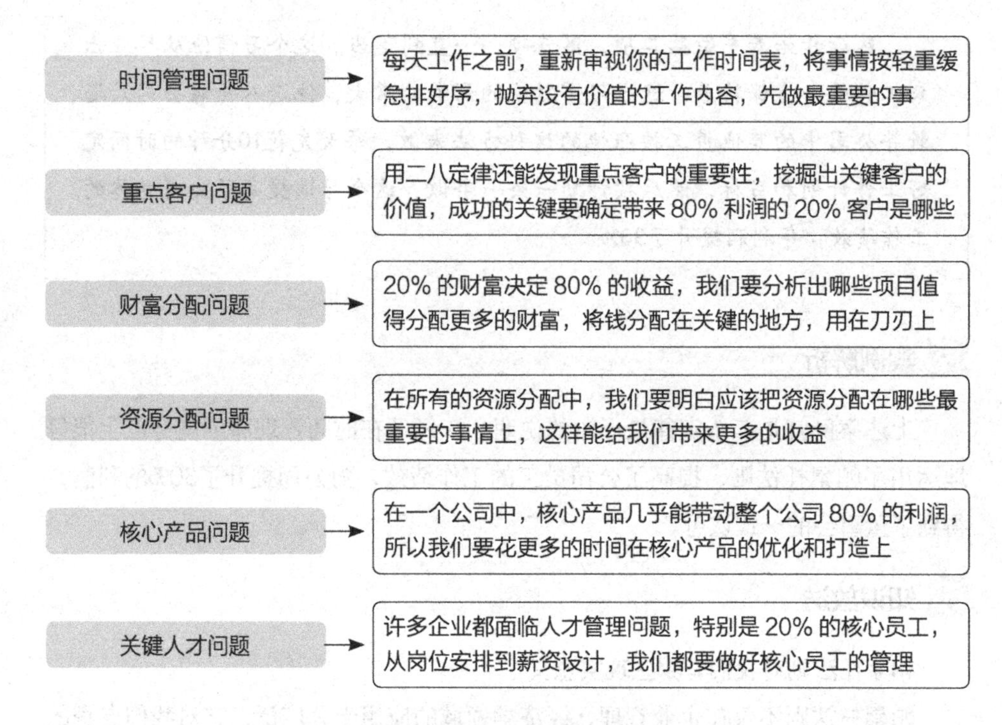

图5-4 帕累托法则对我们的现实意义

5.2.3 抓住最有效的时间

一个人一天只有24小时，正常的工作时间是8小时，时间精力是有限的，我们要在自己精力最集中的时候做最重要的事情，这样才能事半功倍，所以做事高效的人都擅长时间管理，用最有效的时间做最重要的事情。

时间管理的目的是帮助我们更好、更快地完成人生目标，尽早做完该做的事情。能够掌控时间的人，同样也能够很好地掌控自己的一生。

案 例

一个人什么时间段的精力最充沛，这一段时间就可以称为最有效的时间，在最有效的时间内做最重要的事情，才能更好地成就自己。

有一位作家，她每次写文章时，创作灵感都集中在午夜时分，因此，她将午夜作为写稿最有效的时间。这一天凌晨两点，闹钟响了，作家从睡梦中醒来，打开了房间台灯，简单洗漱后，开始了一天的写稿工作。

这段时间她的写稿效率是最高的，精力也是最充沛的，没有任何人打扰她。当别人还在睡梦中时，她进入了创作的“黄金时间”。

白天的上午，她用来应付一些日常的工作事物，接待来访客人，并把写完的稿件交给出版社的编辑，然后再修改前几天稿件返回的一些错误；下午她会经常和朋友探讨工作上出现的问题，并交流写作时的一些心得，晚上7点准时入睡，为午夜的写作储备精神。

案例解析

上述案例中，作家抓住了自己最有效的时间，将最重要的时间用在了她最重要的事业上，一次只做一件事。

我们把精力最好的时候称为“黄金时间”，每个人都有自己的黄金时间，有些人意识到了这一点，并很好地把握住了时间，所以他成功了；而有些人没有意识到自己最有效的时间在哪里，因而一生碌碌无为。

实践练习

我们应该怎样有效地管理时间？

一般浪费时间的原因有哪些呢？下面进行图解分析，如图5-5所示，希望大家能有意识地规避。

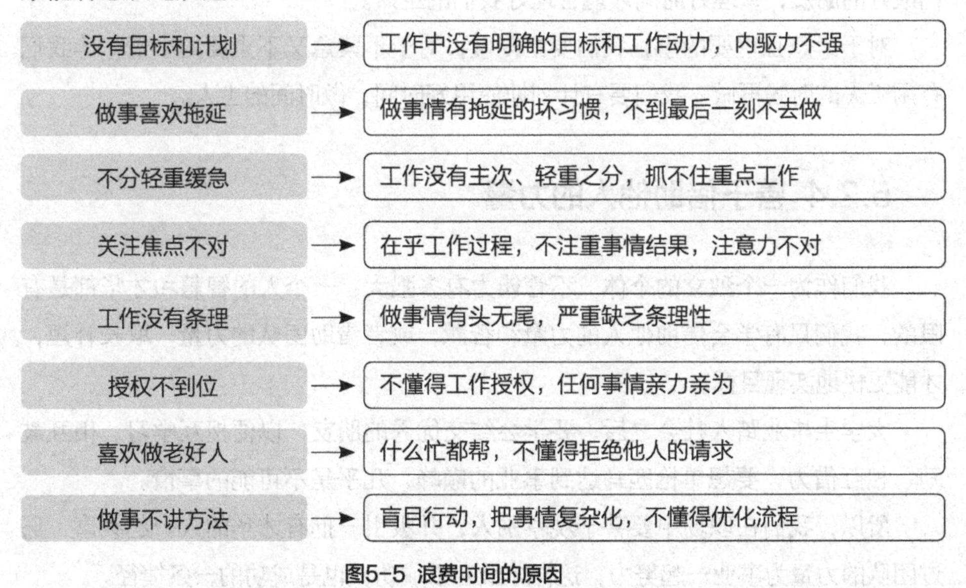

图5-5 浪费时间的原因

上面列出来的这些浪费时间的原因，我们要进行深刻的总结和反思，改掉这些坏毛病、坏习惯，学会做时间的主人，这才是高效人士的最佳做法。

在工作或生活中，当你能抓住最有效的时间，就已经很不错了，接下来我们要有效管理这一段时间，下面介绍7种方法，如图5-6所示。

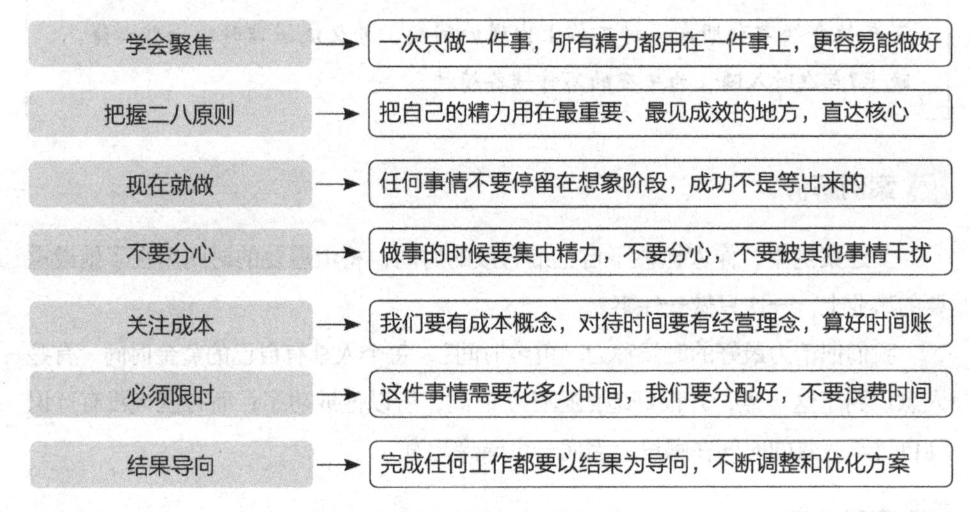

图5-6 抓住最有效的时间并管理好

小结

在工作中，我们只有学会抓住最有效的时间，才能最高效地工作。时间是我们最好的朋友，管理好时间才能管理好我们的生命。

对于紧急且重要的事，我们要立刻做；对于不紧急又不重要的事情，等我们有闲工夫的时候再做。我们要有计划地使用好时间，做时间的主人。

5.2.4 善于借助他人的力量

我们作为一个独立的个体，不管能力有多强大，一个人的智慧和才华都是有限的，我们只有学会借助他人的力量和智慧，或者借助团队的力量，取长补短，才能更快地实现目标。

大学生毕业踏入社会之后，要学会结交优秀的朋友，以便相互学习、相互鼓励、相互借力，要想单枪匹马达到事业的巅峰，几乎是不可能的事情。

所以，我们在职场中要善于观察别人，并吸引一批有才华的人一起共事，通过团队的力量为事业一起努力，这样才最容易成功，也是成功的一条捷径。

案例

李安是香香西饼屋的创始人之一，他开这家店时，还只是一个23岁的小青年。每当店员问他是如何才有今天的成就的时候，李安就会笑着说："我是依靠朋友的力量才开起的这家西饼店。"从李安的回答中，我们可以看出朋友对他的帮助是他事业成功的关键因素。

李安说那时他刚参加工作不久，在职场中结交了两位朋友，一位朋友有着美食天赋，平常喜欢弄些点心、蛋糕之类的食品，味道还不错；另一位朋友家里是做投资的，有一定的经济基础和实力。三个有想法的年轻人在一起，两个出钱一个出力，三个人便成了合伙人，开起了这家西饼屋，目前西饼屋在全国有20多个直营分店，效益非常不错。

案例解析

李安如果没有借助朋友的力量是无法达到今天的事业成就的，借力发力才不费力，懂得借力发力，才有"四两拨千斤"的效果。工作中我们要学会"借力"，这一条是很多创业人士成功的秘诀。

实践练习

我们应该如何借助他人的力量？

我们在借助他人的力量时要遵循以下方法，如图5-7所示。

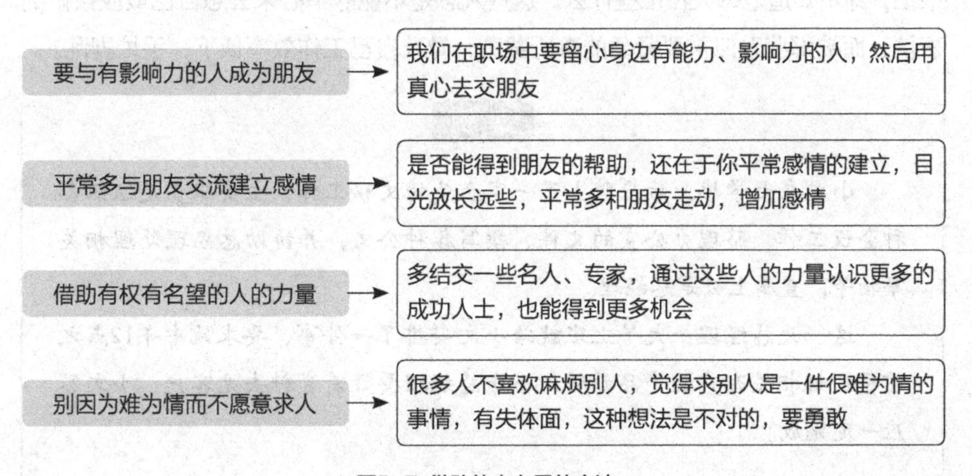

图5-7 借助他人力量的方法

小结

俗话说：一个篱笆三个桩，一个好汉三个帮。如果你不懂得为人处世，不懂得与人合作，不懂得借助他人的力量，光靠自己一个人闯天下是很难有大作为的。年轻人如果想在事业上有一番成就，就要学会借助他人的力量，懂得合作的重要性，团结身边的亲朋好友，这样才能为你的事业锦上添花。

5.2.5 分清工作的轻重缓急

一个人如果想要成功，想在事业上有所突破，首先要知道你的目的是什么，然后根据目的确定事情的大致方向与优先级别，将自己的日常工作按轻重缓急区分。

例如，先确定你需要做哪些事，这些事情里面哪些应该排在最前面，哪些属于最重要的事情，将事情按优先次序排列好。

它们有些相互关联，有些没有关系；有些很重要，有些又不太重要；有些需要马上处理，有些又不太着急。但每一件事情我们都需要去做，都不能搁下不管。那如何安排好这些工作的顺序就显得尤其重要，这是每个人都需要面对的问题。

在我们身边就有很多人因为没有掌握好高效的工作方法，白白失去了很多晋升的机会，不仅整天被一些琐事弄得筋疲力尽，还少有工作成效，领导也只知道他很忙，却不知道他每天在忙些什么。这些人总是不能静下心来去想自己最应该做的事情，而被那些看似重要紧急的事所蒙蔽，导致自己工作效率低下，手忙脚乱。

案例

小文在大学毕业后应聘上了一家企业的文秘工作，主要职责是组织各种会议工作、整理办公室的文件、撰写各种公文，并协助总经理处理相关事物等，直属上级是总经理。

这一天总经理一大早上班就给小文安排了一件事，要求她中午12点之前整理好相关客户的产品资料，下午总经理要带着资料去见客户，小文答应一定完成。

过了一会儿，有一个同事过来对小文说，下午4点办公室有高层领导开会，要准备一些水果，让她现在去买。结果，小文丢下了总经理交代的工作出去买水果去了。

等买好水果回来，又有同事找小文打印20份资料合同，小文马不停蹄地又去打印合同文件，忙得晕头转向。等到中午12点的时候，总经理来问小文要客户资料，小文傻眼了，顾客资料还没开始整理……

总经理特别生气，在办公室把小文狠狠批评了一顿，说她工作不分轻重缓急，执行力不行，效率低下，小文心里还特别委屈，心想：我又没闲着，一直在忙，工作又没偷懒，怎么就执行力不行呢。

案例解析

通过上述案例我们发现，小文虽然一直在忙，却是瞎忙，工作没有分清轻重缓急，没有任何成效，所以总经理才说小文执行力不行，效率低下。

正确的做法是： 小文应该优先处理好总经理安排的工作，在中午12点之前做好，交给总经理，这是既紧急又重要的事情。然后再出去买水果，准备下午4点的会议工作。至于打印20份合同这样的事情，谁都可以做，如果同事着急的话，他自己就可以去打印，不一定要占用她的时间；如果不着急的话，也可以等她买好水果回来再帮同事打印。这就是工作轻重缓急的区分，分清主次关系，工作才更加高效。

在工作中清楚地区分事情的轻重缓急是工作上不可欠缺的一项技巧，在接到工作任务的时候就判断清楚，这样做起事来才会轻松、高效，这就是决定优先顺序的最大价值。

实践练习

我们应该怎样区分工作的轻重缓急?

在工作中，事情的重要性应该以什么为衡量的标准呢？根据相关数据调查，我们总是会根据下面列出来的各种习惯来衡量事情的优先次序，如图5-8所示。

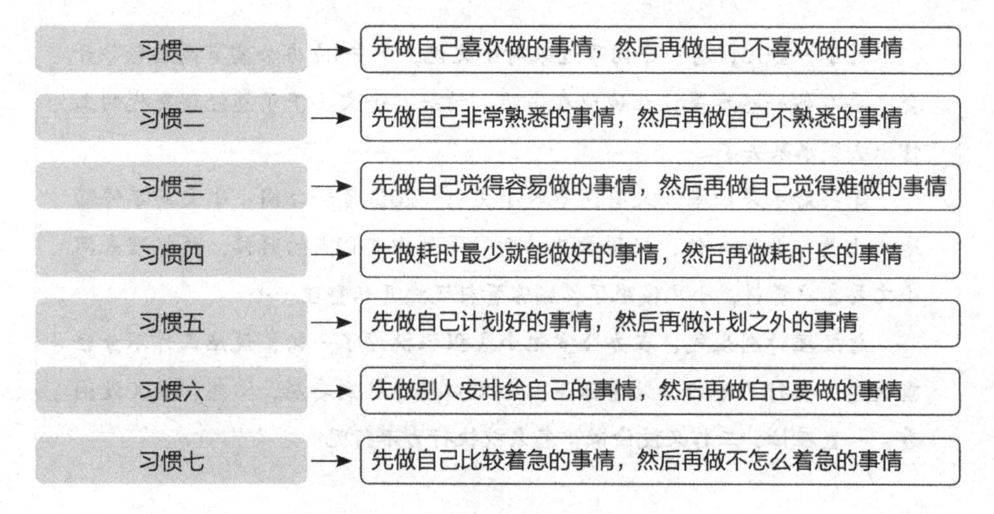

图5-8 衡量事情的优先次序的习惯

上面列出来的这些根据自己的习惯区分的优先次序是不正确的，忙琐碎的事和忙重要的事，这中间的价值差别很大，即使是花同样的时间，其意义完全不同。

很多成功人士都建议以工作的重要性来决定主次关系、优先顺序，但事情除了重要性之外，还有事情的紧急性，我们不能因为事情的紧急性，而忽略事情的重要性。

在划分轻重缓急的事情上，我们首先应该把工作任务按以下顺序归为4类：**重要且紧急的事情、重要但不紧急的事情、不重要但紧急的事情、不重要不紧急的事情**。下面以图解的形式分析我们应该怎样区分工作的轻重缓急程度，如图5-9所示，以下方法非常管用。

重要

一象限：重要且紧急
内容：非常紧迫的问题
处理方法：立即去做
原则：越少越好

二象限：重要但不紧急
内容：工作规划
处理方法：按计划进行
原则：集中精力处理

紧急　　　　不紧急

三象限：不重要但紧急
内容：临时安排的工作
处理方法：交给别人去做
原则：适当放权

四象限：不重要不紧急
内容：休闲娱乐
处理方法：尽量别做
原则：劳逸结合

不重要

图5-9 区分工作的轻重缓急程度的方法

小结

在职场中，任何工作都有轻重缓急、主次之分，随着公司不断扩大、新项目不断开发，事情只会越来越多，越来越忙，我们只有分清了工作内容的主次、轻重关系，才能使工作更加高效、更加轻松，工作才会变得井井有条，卓显成效，也更容易得到领导的认可，自己工作起来才更有成就感。我们要学会有效地利用时间，将工作做得更好、更出色。

5.2.6 工作要有条理性

在工作中我们要学会将工作条理化，这样可以节省很多工作时间和精力，提高工作效率。工作有条理的人做事都比较高效，因为他们做事讲究条理、讲究顺序、讲究轻重，对工作用心可以帮助他们在职场中赢得更多的升职和发展机会。

在工作中领导给我们安排了很多工作，如果我们没有计划、缺乏条理性，就会浪费很多的精力和时间，最后工作还没多少成效。

在工作中喜欢抱怨的员工有很多，他们常常嫌工作又累又杂，没有成就感，其实他们的问题出在工作没有条理性上，他们不善于制定工作日程表，没有将事情一一列出来的习惯，处于有什么事就做什么事的状态，因此，把自己累得喘不过气来，还得不到领导的赏识。

案例

玲玲是一家外企行政部的行政专员，入职不到两个月的时间，部门经理对玲玲的工作表现非常满意，这主要体现在玲玲对工作的计划性和条理性上面，玲玲每次都能高效地完成工作任务。

玲玲作为行政专员，办公室的日常事情还是蛮多的，但玲玲每次都会列一个工作清单，把自己需要做的事情一条一条全部列出来，这样就不会有遗漏。而且她每接到一个工作任务的时候，玲玲都会问领导文件什么时候要，这样可以确切把握这个工作任务到底紧不紧急、重不重要，可以让玲玲更好地安排自己的工作时间和工作内容。这个习惯对于每次接到突发的工作任务时，都非常管用。

半年后，玲玲被公司提升为行政部主管，薪资上涨了一倍，如果玲玲一直保持这样的良好习惯，其未来的发展空间和升职空间都很大。

案例解析

上述案例中，玲玲工作非常有条理性、计划性，能把握好时间，高效地工作，后来被公司提升为行政部主管。只有明确自己的工作内容，才能更好地把握工作的全局，防止自己陷入无谓的忙碌中。

在工作中要防止什么事都干，想到什么就做什么，这样既浪费了时间又做不好事情，所以一定要明白工作的目标和重点是什么，用工作清单法来安排工作事项是最常用的方法之一，能使你的工作既高效又轻松。

实践练习

如何培养工作条理性？

在工作中我们应该如何培养自己的条理性呢？这是一个值得大家深思的问题，下面介绍几种培养职场人工作条理性的方法，如图5-10所示。

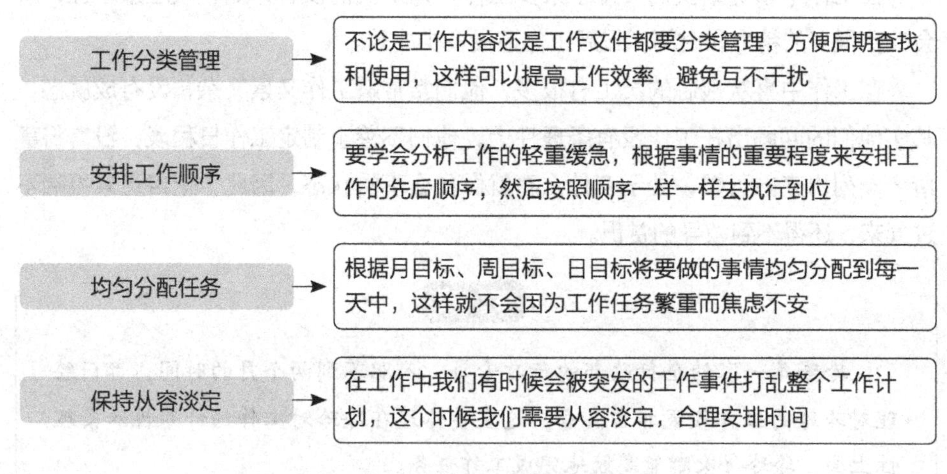

图5-10 培养职场人工作条理性的方法

小结

工作没有条理性，工作没有出成绩，怎么会有升职的机会呢？作为职场中的员工，要想工作效率高，工作就要有条理性、计划性，然后按照工作计划按部就班地执行到位，完成好工作计划之内的任务，不要养成拖沓的习惯。明确自己的责任与权限范围，这样才能不被其他无关紧要的事情所干扰。

5.2.7 今日事今日毕，不拖沓

在企业管理中最重要的就是时效性，所以企业重视高效的人才，我们要把握住今天，因为今天过完了就没有了。

在工作或生活中，当我们手上事情多的时候，或者当我们心情不好、精神不好的时候，多多少少都有些拖延的坏习惯，做不到今日事今日毕，我们总会找各种各样的理由把今天要做的事情拖到明天去做。

在职场中，有些员工的拖延症很严重，但自己却意识不到自己有拖延症的习惯，常见的拖延症症状如下。

① 今天精神不太好，干脆先休息，还有些文件明天再处理吧。

② 有个客户本来上午要打电话跟进一下的，时间还早，下午再联系吧。

③ 老板给的时间很多，数据统计今天做不完，明天再做吧。

④ 这个方案领导让我改了很多遍了，今天不想改了，明天再改。

凡是将今天的工作留到明天再做的态度就是拖延症。这种拖延工作的理由我们给自己找了很多次，这样的员工在老板眼里都是不努力、不上进的员工，不仅会阻碍我们事业的发展，还会加重我们工作上的压力，因为明天还有明天的事情要做，今天没做完的事如果留到明天，那明天的工作量就增加了，等于给自己找麻烦。

有拖延症的员工要从生活中的小细节开始改变自己的拖沓习惯，俗话说“一日之计在于晨”，从早上开始就要养成高效的执行习惯。比如早上起来，闹钟响了很多次，可自己就是爬不起来，时间一拖再拖，最终只能导致自己迟到，被公司处罚。

当你早上爬不起来的时候，心里应该这样想：今天还有重要的事情要做，晚起来不如早起来，还能有充足的时间去安排。这样可以慢慢改掉拖延的习惯。

案例

某公司的总经理晚上有在办公室加班的习惯，因为白天工作太忙，应酬多，只有晚上才能安静地在办公室处理一些事情，规划公司的相关业务。这些天，总经理每天晚上在办公室都能看到有一个员工跟他一样在加班，他的名字叫小杰。

总经理对小杰说：“加班不要太晚了，早点回去休息。”

小杰说：“今天的工作还没有做完，等做完了我就休息。”

说完，总经理就下班回家了。

有一天晚上，总经理发现小杰已经下班了，可是过了一会儿小杰又回到了办公室，总经理过来问他：“小杰，你怎么又回来了？”

小杰说：“他在回家的路上，突然想起有个文件的数据统计可能还有点问题，所以回公司来确认一下。”

小杰的这种敬业精神，深深地打动了总经理，后来公司开发了一个新项目，成立了一个新的部门，小杰被公司提升为了部门经理。

由于小杰的业绩和能力非常突出，总经理对他非常重视，几次晋升加薪。现在，小杰已经是该公司的副总经理了。

案例解析

在职场中，“今日事今日毕”的道理人人都懂，可是能真正做到的人很少，虽然看上去很简单，但做起来很难。

上述案例中的小杰，因为自己有良好的工作习惯，当天的事情当天做完，绝对不留到第二天，这种精神深深打动了总经理，同时也更好地开拓了自己的职业道路，在职场中得到了更多的信任。

实践练习

如何改掉拖延的习惯？

拖延是一种顽疾，是职场人士的“大忌”，如果你要克服这种拖延的顽疾并养成“今日事今日毕”的习惯，就一定要下定决心告诉自己：今天的事情，今天一定要做完，千万不要拖到明天。这样，你明天才有更多的精力去做更重要的事情。下面介绍几种改掉拖延症的方法和建议，如图5-11所示。

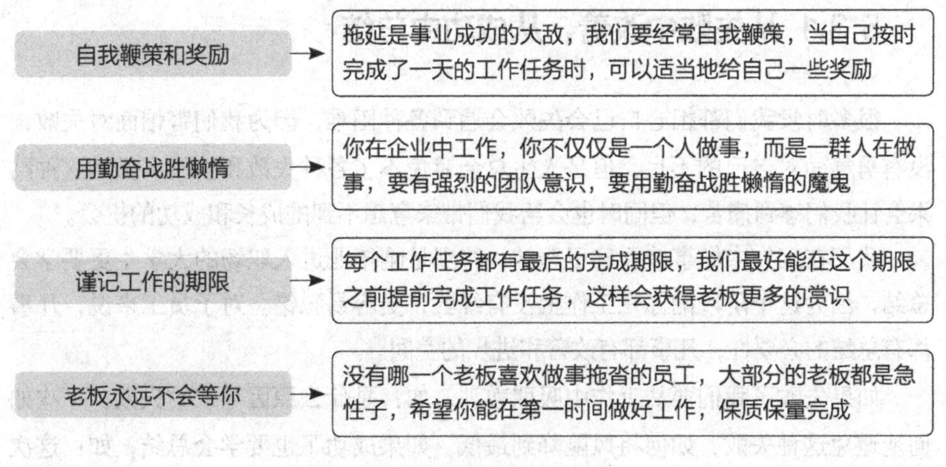

图5-11 改掉拖延症的方法和建议

小结

每个人都有想拖延的冲动，但当拖延次数多了就会慢慢形成拖延症，拖延症在一定程度上会影响我们的工作和生活，会让我们产生越来越消极的心态，没有一点进取之心，所以我们要果断克服这种不良行为，养成“今日事今日毕”的好习惯。

养成一个习惯往往只需要21天，而改掉一个坏习惯取决于你的决心和意志力。要想成为一名成功人士，一定不要与“拖延”为伍。

5.3 从失败中汲取营养，成功的人都是实干家

从小到大我们会经历各种成功与失败，我们会为自己的成功喝彩，但很少有人能正视自己的失败，谁没有遇到过挫折、经历过失败呢？

其实，失败能让我们收获更多，能给我们更多的经验和教训，让我们能更清楚地了解自己的优势与劣势，以及自己需要成长和提升的方面。

5.3.1 从失败中改善，从成功中总结

很多时候我们都担心自己会失败会遇到各种困难，因为我们害怕面对失败，没有勇气面对自己的不足，但是人生总会避免不了各种失败和挫折。虽然这种结果会让我们感到痛苦，但同时也会给我们带来意想不到的成长和成功的机会。

我们在工作中做事情要善于总结，特别是刚毕业进入职场的大学生更要学会总结，因为这个阶段的你在工作上没有经验，更容易犯错。对于员工来说，凡事都有总结的必要性，凡事都有改善和进步的空间。

如果失败了我们要从工作中吸取教训，如：是什么原因导致的失败；下次如何能避免这种失败，如何将风险降到最低。如果成功了也要学会总结，如：这次成功的关键是什么；自己哪些方面做得比较好，还能不能再改进一点让自己做得更好；这种成功的经验和方法下次能不能再用。

工作中多总结可以帮助我们更好地改善工作流程，找到最佳的工作方法和途径。成功的人总是反思自己，失败的人总是指责别人。俗话说：失败是成功之母。当我们不断地从失败中自我反思、自我总结，你就会越来越接近成功。

案 例

小周任职一家餐饮连锁分店的店长，有一段时间客人的投诉很频繁，经过小周分析，主要原因是就餐高峰期上菜速度太慢、菜里面有头发、餐桌擦拭不及时等问题。尽管小周想了一些应对之策，但效果不明显，还是有客人投诉同样的问题。

小周为了尽快解决上述问题，召集门店管理人员开了一次会议，对于客人的投诉问题一条一条想出解决方案。首先是关于就餐高峰期上菜速度太慢的问题，以后每个服务员为客人点完菜之后，如果五分钟后还没有上菜，就及时通知厨房催菜，这样上菜慢的问题就可以得到解决。第二个问题是菜里面有头发，这可能是厨房工作人员没有戴帽子，洗菜的时候没注意，以后凡是出现这类情况，扣除当月绩效奖金。第三个问题是餐桌擦拭不及时，以后服务员看到客人用完餐走人了，要立马准备清洁用具将餐桌擦干净，以方便下一位客人用餐。

经过这样的分析、总结和改善后，上述的3个问题基本得到了解决，客人的投诉和抱怨现象也得到了控制，效果十分明显，餐厅的营业额每月都在增长，得到了客人一片好评。

案例解析

通过上述案例我们可以看出，店长小周是一位善于自我反省、自我总结、自我改善的人，他的工作方法值得大家学习和借鉴。有时候工作中出现问题并不能自己解决，可能需要身边的同事、朋友一起想办法，集结大家的力量，反复琢磨，一次次地改进，最终才能找到解决问题的办法。同时，从问题中总结经验可以帮助我们更好地成长。

知识放送

从失败中找到收获的前提条件是什么？

在工作或者创业过程中，多多少少都会遇到失败的情况，我们要想从失败中找到改善的方法必须满足4个前提条件，如图5-12所示。

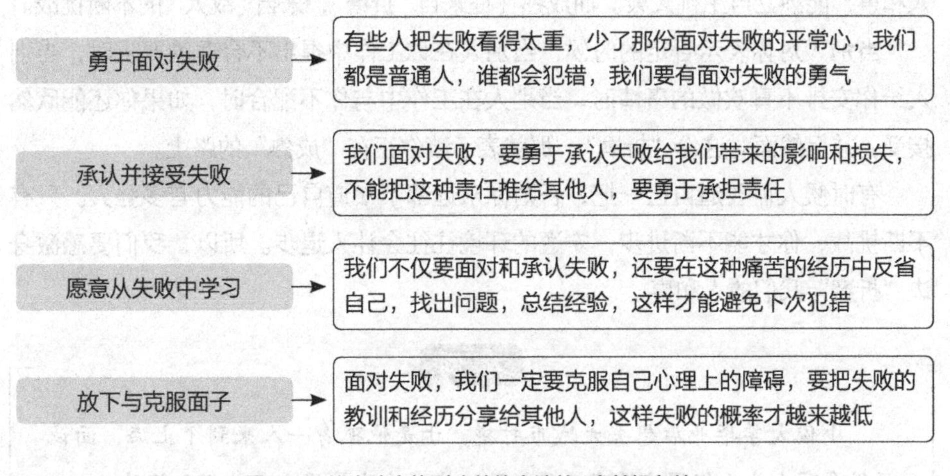

图5-12 从失败中找到改善的方法的4个前提条件

小结

我们看一个人将来成功与否，不是看他今天的成绩，而是看他面对事情的态度。如果一个人在某件事情上失败了就把原因归结到自己运气不好、自己倒霉，那这个人将来很难成功；如果他能认可别人的成功，面对自己的失败，那么这个人将来往往能成就自己的一番事业。

真正干大事的人，都不会让自己沉迷于短暂的得失当中，他们会以平常心对待，不骄傲，不自卑，常总结。当自己面对失败时他们懂得责备别人不如努力改变自己，从失败中自我反思，这样离成功就会越来越近。

5.3.2 成长来自肯定，成熟来自“折磨”

不论在生活或者工作中，每个人都希望能得到别人的肯定，希望在别人眼中自己是有能力、有价值的，通过别人对自己的肯定可以看出自己的成长。

所以，肯定对于我们自身的成长来说非常重要，我们需要在肯定中找到自信，找到自己的优势，找到自己的位置，然后坚定自己的信心继续努力前行。

在成长的道路上，光有肯定是远远不够的，我们还需要让自己变得更加成熟，对自己和外界有一个理性的认识。成熟不是看你的年龄有多大，而是看你能挑起多重的责任，内心能容纳多少自己不喜欢的事物，能说服自己去理解身边的人和事，能独立自主挑大梁。而成熟往往来自“折磨”，来自“敌人”的不断挑战。

当别人对你表示否定的时候，当别人在你工作中提出不合理的要求时，当别人给你安排不喜欢做的事情时，当别人在工作中与你不配合时，如果你还能欣然接受，并坦然面对这份“折磨”，那就表示着你正在“成熟”的路上。

有时候人需要逼自己一把，否则你永远都不知道自己的能力有多强大。只有不断挑战，你才能不断进步，安逸的环境往往会让人退步。所以，我们要感激身边“折磨”我们的人和事。

案例

小俊大学毕业后想去大城市打拼，于是他孤身一人来到了上海，面试了很多家企业，但因为没有工作经验，他一次次被用人单位拒之门外。

有一天，他来到一家互联网公司应聘助理工作。由于自己电脑不熟练，用人单位还需要再考虑，后来在小俊的再三恳求下，用人单位答应留下他。

但前提条件是，半个月内必须学会使用电脑的基本操作，掌握岗位涉及的软件的核心应用，而且同事们还会抽查、考核他的实际操作。

小俊白天协助各部门完成相关工作，下了班还留在办公室里边看书边操作电脑，第二天让老同事们考核他的技能是否达标。半个月后，历经数十次的“考验和折腾”，小俊的电脑技能突飞猛进，连老板对他都刮目相看。

熟悉电脑的基本操作之后，他觉得自己的电子商务知识很缺乏，所以就想到总监那里拜师学艺。刚开始总监都不理睬他，但小俊一点都不介意，有时候给总监倒杯咖啡，有时候上杯热茶，他还用自己不多的生活费给总监买了一个座椅靠垫，最终总监被小俊的真心打动了，不惜倾囊相授。

现在，小俊已经在公司工作五年了，通过自己不断努力成了公司的运营总监，是老板的得力干将。

案例解析

我们在职场中也见过像小俊这样的人，从长远来看，这种人是最有发展潜力的，他们不怕吃苦、不怕“折磨”，为了自己的目标一直在坚持努力奋斗。正是因为小俊能经受得住各种折磨和考验，才有了今天的成长和成就，最后成了公司的运营总监。

知识放送

我们应该如何排解来自工作的“折磨”？

刚入职场的我们，因为没有工作经验，或者因为其他原因，可能会遭受来自同事、领导、客户等各方面的“折磨”，当我们遇到这些“折磨”和压力的时候，应该如何面对和排解呢？下面介绍4种方法，如图5-13所示。

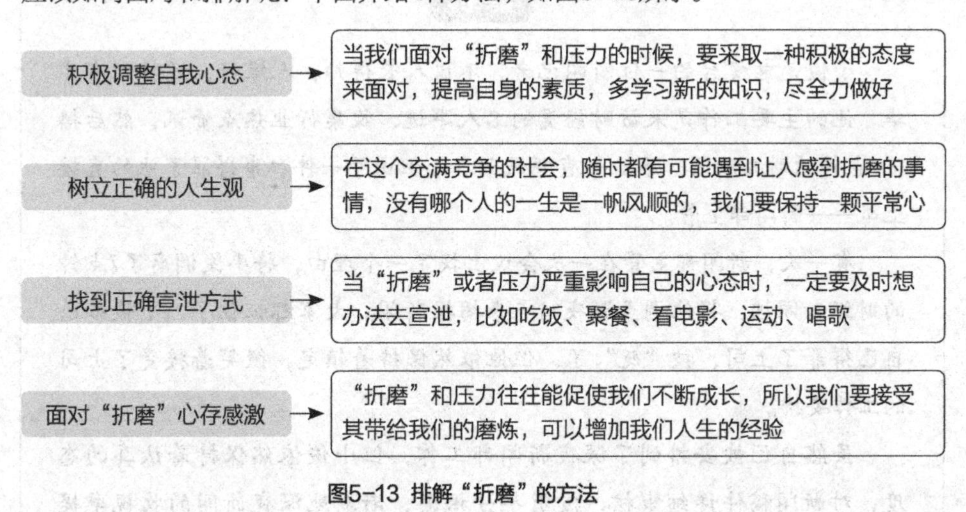

图5-13 排解“折磨”的方法

小结

生活和职场的成长本来就是在我们经历挫折、痛苦之后慢慢蜕变的一个过程，这种“折磨”会促使我们更好地成长。等未来的某一天，你事业成功了，最应该感谢的是当初那个“折磨”你的人，你应该庆幸当初因为他对你的“百般考验”才让你变得更加成熟、勇敢、独立、坚强、自信……当你经受住了这些，那么成功和幸福离你也越来越近了。

有人愿意“折磨”你也是一种幸福，在职场中我们要争取“挨批评的资格”，这话听起来有些不可思议，但值得我们深思。在工作中当领导愿意批评你、教育你，说明你还是一个值得培养的苗子，好好栽培还有好前途。

如果连领导都懒得批评你了，很可能是已经放弃你了。所以，我们要妥善处理这种“折磨”，在“折磨”中让自己发展得更好，成长得更加迅速。

5.3.3 将不利因素化为成功因子

阿德勒是一位伟大的心理学家，他花了毕生的心血一直在研究人类及其潜能，他发现人类有一种特性非常惊人——人具有一种反败为胜的力量，能将不利的因素转化为成功的因子。塞翁失马焉知非福，虽然一时受到了损失，但可能因此得到更多的好处。接下来，我们来看一个职场中反败为胜的案例。

案例

小俊是电视台的一位新闻记者，不仅人长得帅，人缘好，还特别有才华。他的主要工作是采访财经类的名人事迹、收集行业热点资讯，然后播报7点钟的财经新闻，事业一直顺风顺水，但由于一件私事得罪了他的直接上司——新闻部主管。

有一次，新闻部主管在一次会议上找了一个理由，将小俊调离了7点钟的财经新闻档，将他调至深夜11点来播报新闻。大家都怔住了，小俊知道自己得罪了上司，被“贬”了，但他依然保持着镇定，微笑着接受了上司的工作安排。

虽然自己被安排到了深夜新闻部工作，但小俊依然保持着认真的态度，对新闻稿件详细审核，没有半分松懈，渐渐地深夜新闻的收视率提高了，观众好评不断。随着小俊的粉丝逐渐增多，一封封投诉信寄到了公司，投诉新闻部主管没有合理安排工作，为什么小俊只播深夜的新闻，而不播7点档。

后来，这件事情惊动了台长，台长安排人员下来调查，据相关同事反映情况后，发现新闻部主管确实有公报私仇的现象。不久后新闻部主管被罢职了，然后小俊任职了新闻部主管的岗位，又重新回来播7点钟的新闻档。

案例解析

通过上述案例我们了解到，小俊明里是被调离了原岗位，暗里是被间接贬职了，这事发生在谁身上都很可能会生气，但小俊并没有做出过激的行为和反应，反而更加努力地工作，向大家、向观众证明了自己的能力，最后得到了公司的认可和应有的对待。小俊通过自己的努力将不利因素转化为了有利形势，为自己谋得了一个美好前程。

小结

能反败为胜、扭转败局，最重要的还是心态问题。不管我们遇到多大的挫折，都要保持一个乐观的心态，树立正确的人生观，努力将自己目前不好的状况转变为好的状况。即使没有反败为胜的机会，也要努力去改变、去争取，梦想和目标还是要有的，万一实现了呢？

5.3.4 错误和失败是必须经历的

人们在工作中不可能不犯错，没有错误和失败的经历，也就难有成功的喜悦。换句话说，错误和失败也是人生的一笔财富，只有自己亲身经历过了才会有成功后的感动。

事业发展的道路上往往不是平坦的，错误和失败虽然会给我们的心灵带来伤害和压力，让我们的成长显得有些沉重，但错误和失败是我们迈向成功的必经之路，我们要用良好的心态去面对错误和失败。

成功中往往包含着失败，有些人更是在一次次的失败中慢慢成功的。成功的人并不是因为他们掌握了什么秘诀，而是他们勇于在失败面前吸取教训、总结经验，然后继续朝着自己的目标前行，最终才能抵达事业的高峰。

古人云“智者千虑，必有一失”，意思就是不管这个人有多聪明，考虑得有多周到，总有犯错、失误的时候，而且越不经常犯错的人，一旦出现失误，可能后果和影响越严重。

案例

老刘是一位非常专业且小有名气的投资经理人，很多投资人都喜欢找老刘做投资分析，在一次看似非常成功的投资计划中，老刘却因看错数据亏了很大一笔投资资金。

这次投资的失败，让好几位投资人对他很不满，但老刘却非常镇定沉着。他没有在失败面前一蹶不振，而是勇敢面对失败主动向几位投资人道歉，并表示自己一定会从这次的失败中吸取教训。

当大家还沉浸在老刘这次失败的投资中时，老刘已进行深刻反省和总结，也找到了自己失败的具体原因，并想到了以后如何规避这种错误的方法。

没多久，老刘又集中精力投入到了下一次的投资计划中，几位投资人都有些担心，害怕老刘没有总结好上一次的经验教训，但最终这次投资近乎完美，非常成功，几位投资人为老刘的成功感到非常高兴。

老刘说：“失败是成功的必经之路，有了上一次失败的教训和经验才有了这一次的成功。”他用他的能力向大家证明了自己，也成就了自己。

案例解析

在上述案例中，尽管老刘是一位非常专业的投资经理人，也难免有犯错的时候。最重要的是能不能从错误中反思和总结，争取下一次成功。老刘就是对自己的失败有深刻的认识，吸取了失败的教训，最终成功地向大家证明了自己。

在我们的生活或工作中，当错误发生时一定要勇于面对，并以正确的态度进行反省，从中汲取成长的力量。如果我们不能从错误中总结经验，就难有最后的成功，俗话说“失败是成功之母”，上述案例就是最形象的说明。

小结

错误和失败是一个人所必须经历的，但最为重要的是一个人犯了错误、遭遇失败之后，他能否主动去认识到自己的问题，并承认自己的错误，然后进行深刻的自我反省，给自己一个教训，保证自己以后不再犯同样的错误。

当然，做到这一点并不容易，然而我们却必须尽自己的最大努力去做到。如果今天自己犯了错误，自己不总结、不反省、不改正，那么明天、后天肯定还会犯同样的错误，而且有可能还会错得更厉害，这样会让自己自毁前程。

5.3.5 别让抱怨误一生

根据相关数据调查显示，在职场中“爱抱怨”的行为是影响职业发展的重要因素之一。老板都喜欢自带正能量的员工，如果某些员工总爱抱怨，往往会受到老板的冷眼相待，更难有上升空间。

所以，在职场中如果抱怨太多，对职场中的自我发展是百害而无一利的。一般情况下，职场中很难交到真心的朋友，和同事的关系都是存在利益的，有利益关系往往难以真心相待。如果你私下跟同事抱怨公司的事情，或者说某些同事的坏话，那等于间接出卖了自己，说不定哪天你的话就传到了同事或者老板耳朵里，不仅影响了自己的人际关系，还让自己的职业前景堪忧。

在工作中谁都会有心情不好的时候，适当的情绪发泄可以理解，但是不要抱怨太多，一旦老板对你有了爱抱怨的印象，就会觉得你自私、消极、自以为是。抱怨是一种极强的负能量，这是一种情绪病毒，严重时还会影响周围的同事和亲人，一旦其他同事和你一样出现相同的抱怨心理，很就容易把更多人给“传染”。

最终，抱怨就像流行性感冒一样传染给公司的每个人，工作氛围就会变得乌烟瘴气，严重影响公司的绩效。抱怨会让你心态消极，失去工作的热情和动力，最后可能以辞职或被辞退收场。

谁都不喜欢当垃圾桶，如果一个人抱怨太多，很难有真心朋友，所以我们要尽量带给人阳光，不要带给人乌云，别让抱怨误了自己一生。

案例

小李是一家互联网公司的项目主管，有一次，老板交给小李一个新项目，这个项目很重要，难度也有点大，老板事先问小李："这个项目有点难度，不太好做，你能不能承担起来？"

小李想证明自己的能力，就接受了老板安排的项目，但老板给的期限太短了，最终小李没有按时完成项目，还因此被老板狠狠批评了一顿，并受到了经济处罚。

小李心里既委屈又气愤，她跟同事抱怨，说："项目这么难做，给的时间却这么短，怎么能做得出结果，项目没有按时完成也不全是我的原因，还要罚我的钱，这工作没法干了！"

这话传到了老板耳朵里，老板听后非常生气，找了个机会以小李没有能力完成业绩为由，将小李降职为项目专员，也就是间接贬职了，小李面子上过不去，没法在公司继续工作了，最后以离职收场。

案例解析

上述案例中，小李因为自己的抱怨情绪，严重影响了自己的大好前程。所以，我们要控制好自己的情绪，尽量不要在同事面前抱怨，遇事要冷静，多想想解决办法，将手上的"一副烂牌"打成"一副好牌"，这才是有能力的表现。

正确的做法是：小李就算项目没有按时完成也不应该在同事面前抱怨，因为很有可能自己说的话会传到老板耳朵里面，职场人都要明白这个道理。当自己失败了，一定要从失败中找出原因，找出解决办法，争取下次能按时完成项目，向老板和同事证明自己的能力，失败对我们来说也是一次深刻的成长。

知识放送

抱怨情绪的表现方式有哪些？

情绪分为正面情绪与负面情绪两大类。正面情绪主要是指对人起到一定的积极作用的情绪，如乐观、自信、兴奋等；负面情绪主要指对人起到一定的消极作用的情绪，如沮丧、悲伤、痛苦等。

当我们的自我情绪调节能力较弱，无法及时走出负面情绪的影响时，就容易出现心理问题，从而对我们的工作产生影响。接下来以图解的形式介绍抱怨情绪导致心理不健康的具体表现，如图5-14所示。

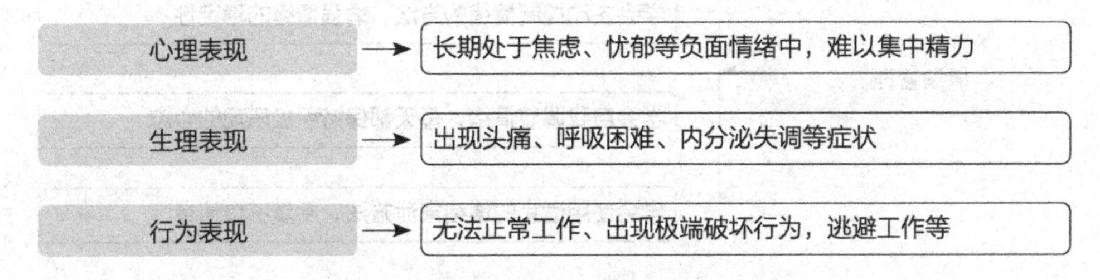

图5-14 抱怨情绪导致心理不健康的具体表现

实践练习

通过哪些方式可以排解、宣泄抱怨情绪?

找到情绪宣泄的渠道可以有效地避免负面情绪的扩大，降低情绪波动对于工作的影响。下面介绍3种排解、宣泄不良情绪的方法，如图5-15所示。

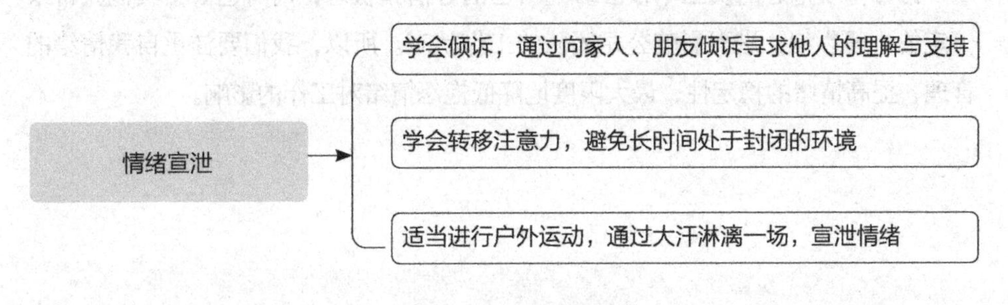

图5-15 情绪宣泄的方法

如何增强自我的情绪管理?

我们在进行自我情绪管理时，应注重自我调节能力的培养，增强情绪管理能力，从而有效地降低负面情绪对我们工作的不利影响。接下来以图解的形式介绍增强情绪管理能力的方法，如图5-16所示。

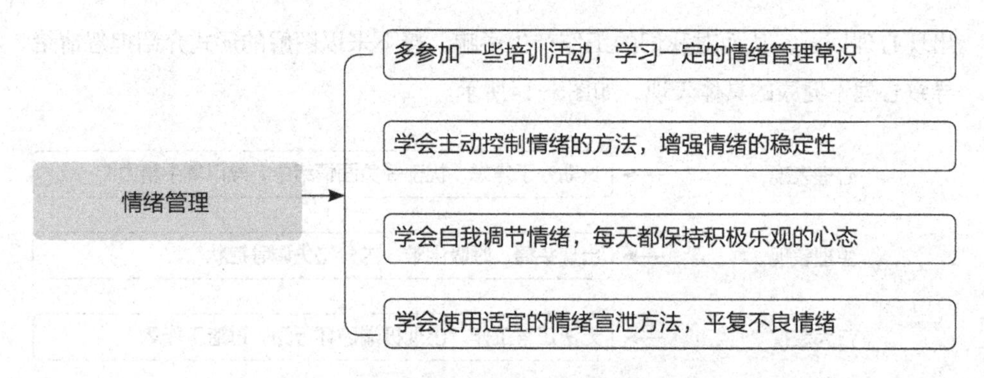

图5-16 增强自我情绪管理的方法

小结

在职场或生活中，当我们遇到自己不顺心的事情时，倾诉就是我们排解不良情绪的一种主要方式，遇到委屈时憋在心里很难受，把话出来心里就舒服多了。

常常喜欢抱怨的员工不仅会影响自己的心情和状态，同时也会给其他人带来一定的心理影响，进而影响公司团队的工作状态。所以，我们要注重自我情绪的管理，提高情绪的稳定性，最大限度地降低抱怨情绪对工作的影响。

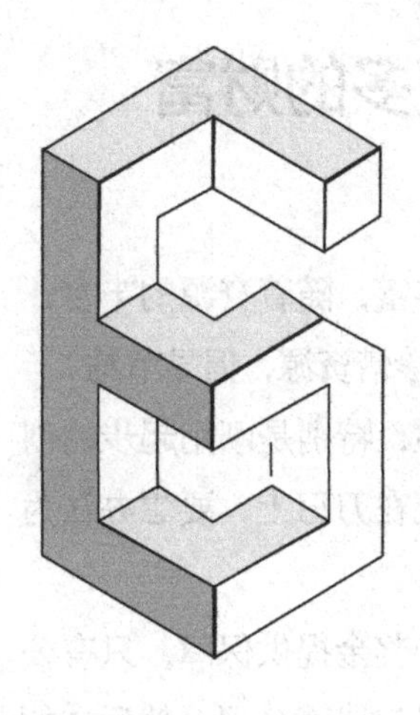

第 6 章
绩效跃迁：从成长导向到绩效导向的修炼

在学校的时候，老师主要以学习成绩来衡量我们的成长，而在企业，老板主要以业绩和利润来衡量我们对于企业的价值和贡献，企业不是慈善机构，它与员工是一个利益共同体，优胜劣汰很现实。本章主要介绍如何在工作中创造更多的价值，心态从成长导向向绩效导向转变。

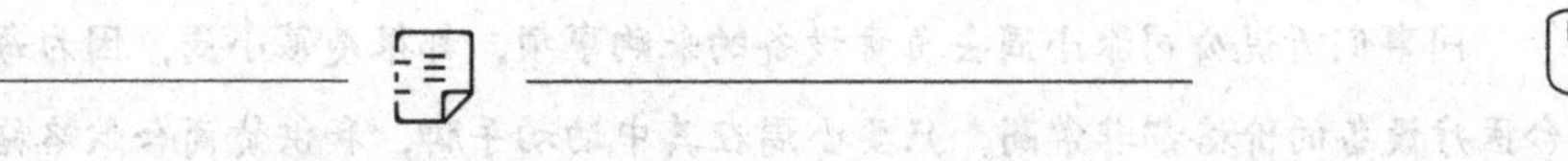

6.1
智慧工作，如何为公司创造更多的财富

如今，人们的生活水平日益提高，各种资源越来越丰富，随着资源的丰富，也出现了一些不和谐的情况，比如铺张浪费。我们要懂得珍惜资源，倡导节约。

在企业的经营过程中，我们要更加注重节约的重要性，特别是刚刚起步的创业型企业，节约与成本密切相关，公司的每一分钱都要花在刀刃上，要想办法为公司创造更多的财富和价值。

公司只有创造出了丰厚的利润，才能给员工的薪酬和奖金提供保障，只有公司先赢利了，才能把获得的利润拿出来和员工分享。所以先成就公司，然后才能成就我们自己。

6.1.1 花公司每一分钱，都要收到最大效益

我们在生活中为自己花钱办事时，总希望花最少的钱办更多的事情，因为我们赚的每一分钱都来之不易，所以需要精打细算，方方面面都要考虑到，能省的地方一定会省着用。

而当我们花公司的钱为公司办事时，有些人就不会这么精打细算了，甚至还显得特别大方，心想："反正这又不是我的钱，我又不心疼，不花白不花。"他们这个时候一般都会从自身利益出发，怎样花钱对自己更有好处就怎么花。所以，常常使得公司花了一大笔钱，事情还没有办成预期的效果。

案 例

小周是一家医疗企业的采购员，由于企业规模不断扩大，公司准备采购一批新的医疗设备用于投入新的医疗项目。经董事会决定，公司准备从北京引进一批优质的医疗设备，公司派小周去北京和供货商洽谈合作事宜。

同事们听说公司派小周去负责设备的采购事项，都很羡慕小周，因为每一台医疗设备的价格都非常高，只要小周在其中动动手脚，和供货商合伙略施小计就能获得不少好处，设备厂家的"返点"就是笔不小的数目。而小周对于同

事们的这种“好心建议”，只是一笑而过。

小周到了北京之后，并没有着急去见供货商，而是先到北京的医疗器材市场对医疗设备的采购价格做了深入调查，期间也认识了几个同行，并相互交流了采购心得。小周发现公司所要采购的设备其市场价格比北京供货商开出的价格高出6个百分点，这就能为公司省下一大笔钱了。

小周将自己调查的事情一一向公司董事会领导进行了汇报，董事会让小周全权负责此事。随后，小周开始和供货商谈判，他并没有被供货商开出的高额利益所诱惑，也没有接受供货商的“好处费”，而是坚持自己的采购价格。

最后，供货商和小周签订采购合同时说了一句话：“你作为公司的采购员，在外界诱惑这么大的情况下还那么有定力拒绝我开出的条件，而且没有任何动摇，真是了不起！今天很高兴认识你，如果可以的话，我想聘请你来我们公司工作，任职我们公司的财务总监。”

后来这件事情在公司传开了，同事们都被小周认真工作的态度所折服，领导也开始重用小周，并提升小周为采购科长。

案例解析

这是一个极具正能量的案例，小周作为公司的采购员，任职在一个“油水”肥沃的岗位上，真的需要一定的定力去拒绝外界的诱惑。面对利益的诱惑小周能这么洁身自守，这样的敬业精神值得被人尊敬。

他放弃了个人利益，一心只为公司谋取更大的利益，把公司的每一分钱都花在刀刃上，这样的人值得我们的赞赏与肯定，同时也得到了公司的信任和重用。这样的人才能纠正职场上的不良风气。

知识放送

企业中，能免则免的开销有哪些？

对于创业型公司或者周转资金比较紧张的公司来说，钱没必要花在一些无关紧要的事情上，管理者要明白哪些地方该花钱，哪些地方不必浪费钱。下面列出一些在企业运营上能免则免的开销项目，如图6-1所示。

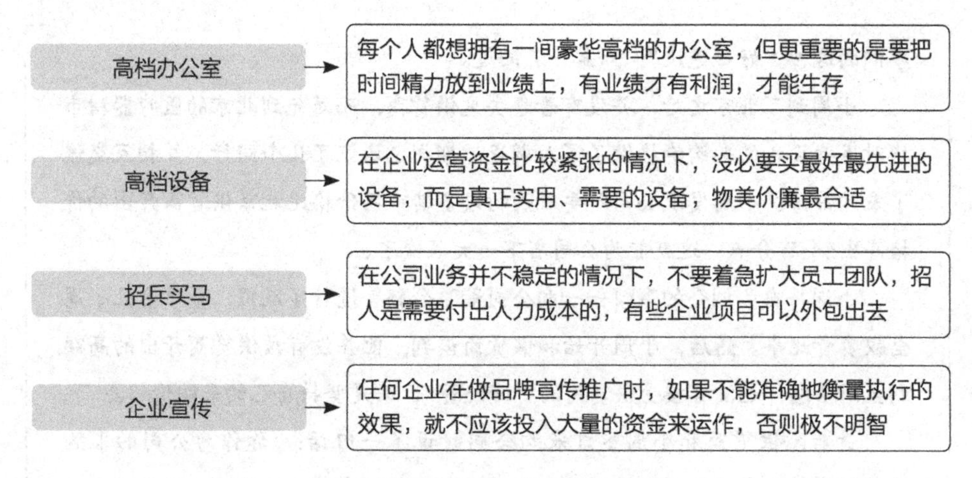

图6-1 企业运营上能免则免的开销项目

小结

我们在职场中花公司的钱给公司办事时，要有花自己的钱一样的心态，要懂得为公司节省不必要的开支，因为成本和利润是息息相关的，企业支出的成本越少利润就越高。相反，如果企业支出的成本越多利润就越少，所以企业运营中每一分钱都要用在合理的地方，将钱花在“刀刃”上，以获得更大的经济效益。

6.1.2 记住，省下的都是利润

我们常常感慨那些大型企业、跨国公司的效益为什么那么好，是因为他们挣钱和省钱两手一起抓。世界上实力雄厚的企业往往都是靠着员工一步一个脚印创造出来的，一分耕耘一滴汗水赚出来的，一分钱一分钱省出来的。

企业的利润不仅靠挣还要靠省，不仅要会赚钱还要会花钱，把钱花在关键的地方。作为个人，如果为了面子而大手大脚，这个人不会有太多的积蓄；作为员工，如果只为了自己的利益而不在乎公司的利益，这个员工也不会有太大的前途。在企业运营过程中，省下的都是利润。

企业是一种营利性组织，它的最终目标是追求利润，利润就像人的血液，如果企业没有很好的造血功能，生命就会得到威胁。要想实现企业利润的最大化，不但要会开源，还要会节流，降低企业各方面的运营成本。

当企业之间的竞争发展到一定阶段的时候，也是成本能力的竞争，在这个产品同质化非常严重的社会，谁的成本越低获得的利润就越高，节约一分成本就等于多赚了一分利润。节约是企业必须掌握的一门技巧，勤俭节约也是现代职场人必须具备的美德，职场中的人一定要树立起成本观念，多站在企业的立场考虑问题。

案例

小王刚入职场公司时，正值公司采购电脑。他发现计划采购的非知名品牌电脑价格很高，研究后发现是因为配置非常高。但是这家公司并不是互联网公司，对电脑配置的需求不高。

询问同事后发现，是领导觉得配置高就是好，正好预算经费也比较充足。小王结合这些信息，重新调研整理了一些配置适中、价格较之前低一些，但因为是知名品牌，售后服务又非常好。最终领导采用了小王的建议。刚入职不久的小王给领导留下了深刻印象。

案例解析

上述案例中的小王，通过自己的努力为公司节省了成本，也得到了老板的赏识。作为一个优秀的职员，一定要为谋求公司长远利润着想，这样自己的发展空间也在无形中增大了，为自己创造了升职的机遇。

实践练习

如何为公司省钱?

一个公司在日常运营中如果开销过大会成为一个很大的负担，为了企业的长远发展，要学会适当节流，下面介绍一些为公司省钱的方法，如图6-2所示。

在企业的运营过程中，如果你赚了5万元，又省了5万元，那么你就有了10万元。如果企业中的每一个员工都能严格控制成本，控制每一笔费用的支出，避免不必要的开支，那么这个企业一定会越做越大。

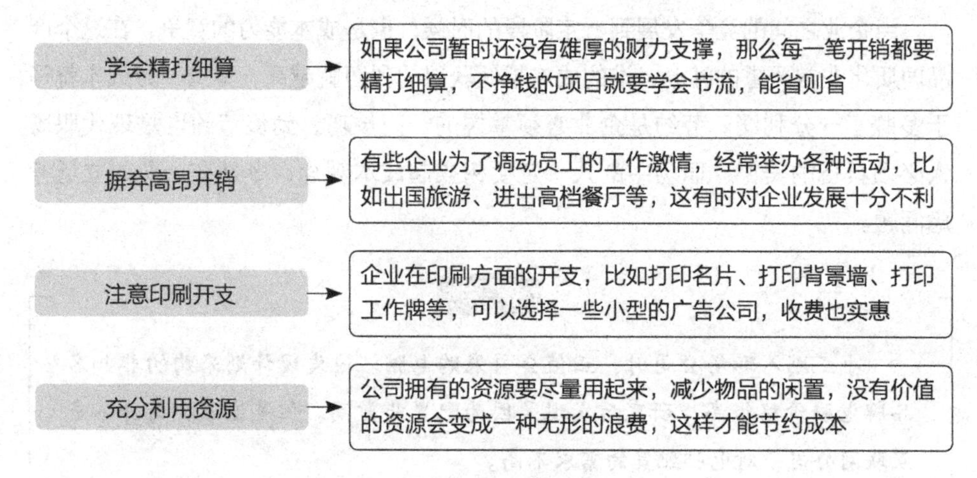

图6-2 为公司省钱的方法

赚钱是一种能力，省钱更是一种智慧，拥有节俭意识的员工能为公司创造更多的效益。大型连锁超市沃尔玛曾经连续三年高居“财富500强”榜首，沃尔玛的成功离不开一个“俭”字，节省成本贯穿着企业经营的每一个环节，下面列举一些沃尔玛关于勤俭的做法。

① 在沃尔玛的办公室里，一般都用废报告的背面用来复印资料，当复印纸。

② 不论是沃尔玛的总部还是分部，办公室都比较简陋，而且空间比较狭小。

③ 如果有员工需要去外地出差，只能住普通的招待所，不能住星级宾馆。

④ 当公司进入销售旺季时，为了节省人力成本，公司中的每一个员工，上到经理，下到普通员工，都进入一线岗位工作，如搬运工、安装工、收银员、营业员。

在沃尔玛，这样节俭的管理事件还有很多，尽管该企业已经在“财富500强”名列前茅，却仍然保持着节俭的优良品德。沃尔玛的每一个职业经理人都养成了良好的节俭习惯：不浪费、不铺张、严格控制成本管理。

俗话说：勤俭才能持家，对于企业来说勤俭才能有长远发展。

小结

在职场中节俭是企业与员工达成共赢的一种行为，每一位员工都要有节俭的意识，要以勤俭节约为荣，在企业中一切不必要的开销都可以节省下来。这样更有利于共同发展，从而实现企业与员工的共赢，两者相辅相成。

6.1.3 报销账目，金钱上要诚信

当代社会，有部分人被金钱蒙蔽了双眼，特别是那些涉世不深的年轻人经不起外界的诱惑，容易将个人诚信抛于脑后。他们没有认清一个事实：金钱再怎么重要和个人诚信比起来也微不足道。

诚信反映的是一个人的品行、道德，是做人的根本，也是立身处世之本，没有诚信的人无法得到别人的信任，也不会有人愿意和其合作，更无法在社会上立足。

诚信是中华民族的传统美德。我们在企业中报销账目时，也要以诚信为本，不能因为贪图一时便宜忘了做人的根本，不能虚开发票，使用公款消费。俗话说：贪小便宜吃大亏。别人的便宜不能贪，公司的便宜更不能贪。

案例

小波在一家互联网公司任职，他的工作能力比较强，却有一个说大不大、说小不小的毛病，那就是见钱眼开。有一次，公司派他去一个下属分公司出差，他知道后高兴极了。平时在公司闷得太久了，总算有机会到外地走一走，而且代表总公司到下属公司办事，这里面的“油水”一定不会少。

分公司知道“钦差大臣”要来，平时对小波的作风也有耳闻，自然早早地做好了准备。小波刚下飞机就被分公司的接待人员接到当地最好的宾馆休息，接下来的几天他把当地的名胜景点转了个遍，吃的东西也是花样百出。

等到小波玩够了，吃饱了，分公司才把准备好的文件拿出来，小波走流程式地过了一遍文件，然后匆忙签了字。小波上飞机前，分公司的接待员还特意为他准备了很多当地土特产，让小波带回去给亲戚朋友吃，小波也半推半就地收下了。

最让小波惊喜的是分公司的人还为小波准备了出租车发票、住宿发票、用餐发票，这就意味着小波在这里不仅没花一分钱，回公司后还能把分公司花掉的钱报销到自己名下。他不禁有些心花怒放，暗暗地说：“这一趟，来得真值!”

回到公司后，小波就向公司交了一份出差报告，报告中对下属分公司的情况自然都是好评，并且在财务部报销了出差期间的发票费用。公司总部非常信任他，立刻决定在分公司实施下一步的战略计划，但是计划一经实践就出现了很多问题。

董事长非常生气，立刻命人调查此事。经过调查后，公司发现小波在出差期间根本没有认真工作，而是借出差为由到处游山玩水，不仅收受“贿赂”，还在公司财务部报假账。原来下属分公司为了推卸责任就把小波给出卖了。

小波看着公司查出来的这些报销凭证，一句话也说不出来。最后，小波只能引咎辞职来给公司一个交代。

案例解析

在上述案例中，小波在金钱与利益面前失去了做人的基本诚信，也失去了公司对他的信任，他没有控制好自己的贪欲，占公司的小便宜。这种恶习对自己来说百害而无一利，纸是永远包不住火的，“若要人不知，除非己莫为”，为了蝇头小利丢失自己的大好前程，还坏了自己的名声和影响力，真是得不偿失。

小结

在职场中，我们要控制好自己的一言一行，报销各种财务账目时一定要真实、有理有据，千万不要虚报、谎报，否则一经公司查实，不仅将自己这么多年的努力毁于一旦，还被扣上了贪小便宜的名声，有损自己的声誉和形象。

所以，我们在金钱上，一定要诚信，做一个诚实可靠的员工，凡事以“主人翁”的态度来面对公司的事情，一切以公司利益为主。

6.2 美好前程，怎样将个人目标转化为共同愿景

我们该如何理解“共同愿景”呢?“共同愿景”的概念与“理想”类似，但又有一定的区别，理想一般指的是一个人未来的想法和愿望，以及希望成为的样子。而共同愿景是一个比较抽象的概念，是一种描述未来的一种大致景象，是组织中所有成员的共同愿望。共同愿景来源于个人愿景而又高于个人愿景，建立在组织与员工共同的价值观之上，是每个员工发自内心想要追求的目标。共同愿景将一群陌生的人聚在一起，共同努力，朝着共同的目标前进。

知识放送

共同愿景是由哪些要素组成的呢?

企业与员工的共同愿景是由4个部分组成，分别是景象、价值观、使命、目标，这4个要素缺一不可，如图6-3所示。

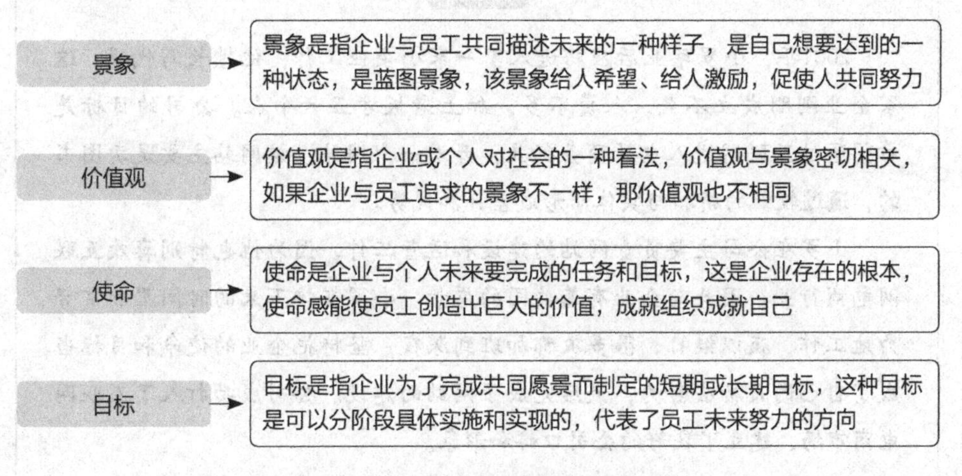

图6-3 企业与员工的共同愿景组成要素

共同愿景对我们有什么用?

打造企业与员工的共同愿景，主要有3个作用，如图6-4所示。

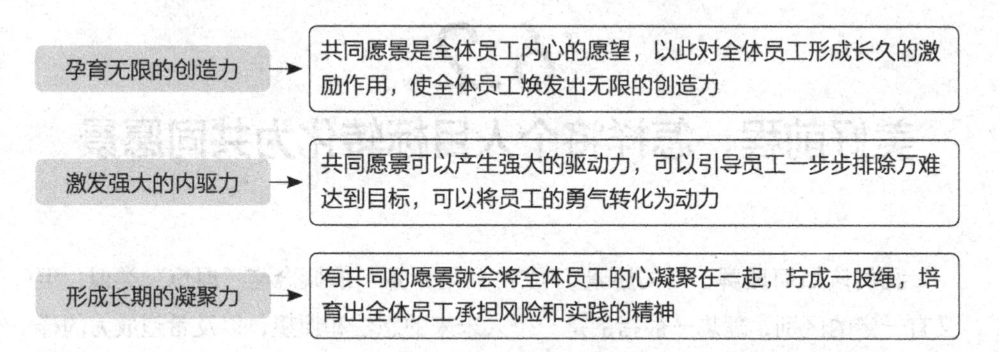

图6-4 共同愿景的作用

6.2.1 将企业的目标当成自己的目标

企业的发展会制定相应目标，不同的级别、不同的部门以及不同的岗位都设定了不同的目标，在企业不同的发展时期，目标也会有所不同。

我们要将组织目标落实到企业的日常工作，将制定的组织目标变为切实可行易于实现的工作标准，将企业的目标当成自己的目标去努力实现。

案 例

2001年，小罗毕业后应聘进入了一家小企业工作，他擅长写代码。这家企业刚刚成立不久，人员不多，加上老板才五六个人。公司的目标是希望通过互联网进入电子商务行业，开发一个网站，该网站主要是卖图书的，通过较低的折扣与实体店形成差异和优势。

小罗在公司主要负责网站的建设和运营工作，因为他也特别喜欢互联网电商行业，因此与企业有着共同的愿景。小罗在接下来的时间里非常努力地工作，夜以继日，很多次都加班到深夜，坚持把企业的使命和目标当成了自己的目标去努力，最后完成了网站的建设。公司成功打入了互联网电商市场，建立了良好的公司口碑和形象。

企业在创业的前期，有许多员工觉得工作辛苦都离职了，但小罗一直坚定着信念和企业共同发展。

现在，小罗所在的公司已经上市了，员工人数达到上千人，而小罗也成了公司的第二大股东。

案例解析

在上述案例中，小罗将企业的经营战略目标当成了自己的目标，然后将个人目标转化为了共同愿景，形成了强大了内驱力，使命感让小罗一直努力坚持，最终达到了企业的目标，也成就了自己。

在企业中工作，我们就应该像小罗这样坚定不移地去实现目标，“不忘初心，方得始终。”将企业与个人目标达成一致就能发挥出我们强大的力量。

知识放送

企业的战略目标由哪些方面构成?

由于企业战略目标反映的是企业整体利益，涉及企业未来发展的各项工作事务安排与执行，因此战略目标要注重目标的合理性与挑战性的有效结合，企业的利益最终直接影响员工个人的利益。

下面介绍企业战略目标的构成，让我们明白在相应的岗位上应该实现企业的哪些战略目标，熟悉了企业目标才能更好地制定个人目标，如图6-5所示。

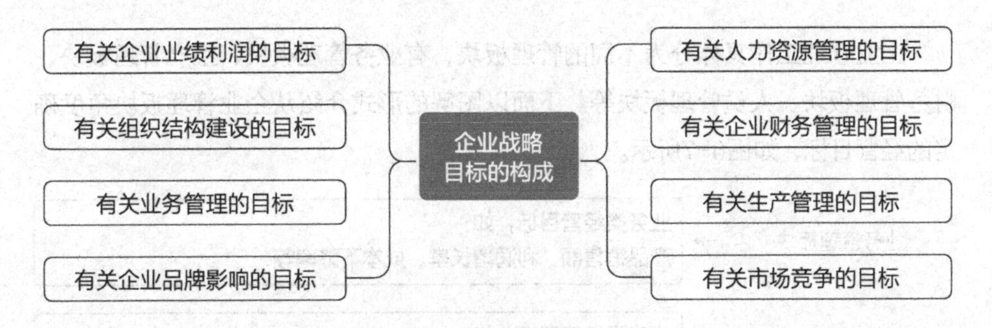

图6-5 企业战略目标的构成

哪些是企业的经营目标?

每个老板在创业初期都会定下企业的经营目标，在经营的过程中也会不断优化、调整企业的经营目标。企业的经营目标反映的是某个特定阶段对生产经营活动的发展要求，企业经营目标的确定除了要结合企业自身的实际情况，还可以从不同的角度进行目标的确定。我们根据企业的经营目标来确定自己的工作目标，从而将个人目标转化为共同愿景。

（1）从企业经营能力角度

由于企业经营目标可能涉及企业经营的多个方面，不同经营目标反映的企业经营能力强弱也有所区别。因此，在确定经营目标时也可从反映企业经营能力的角度出发。根据企业经营能力的类型不同可确定不同的经营目标。下面以图解的形式介绍从企业经营能力角度确定的经营目标，如图6-6所示。

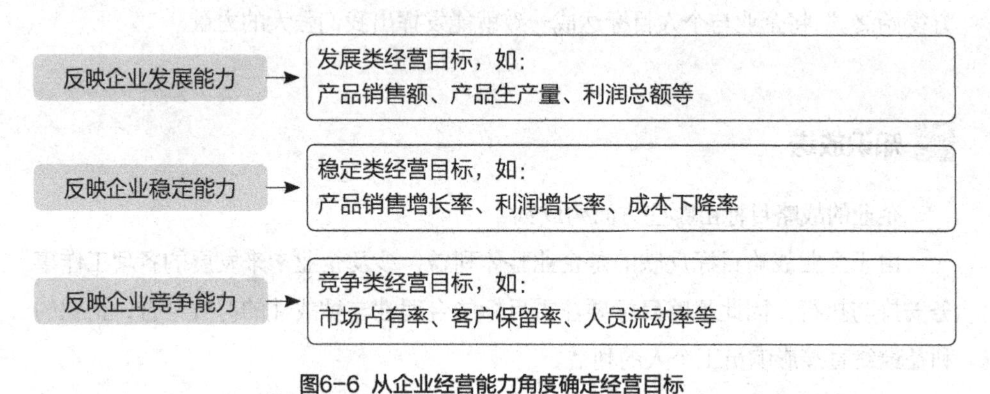

图6-6 从企业经营能力角度确定经营目标

（2）从企业管理板块角度

企业管理工作具体分为不同的管理板块，有业务管理板块、生产管理板块、财务管理板块、人员管理板块等。下面以图解的形式介绍从企业管理板块角度确定的经营目标，如图6-7所示。

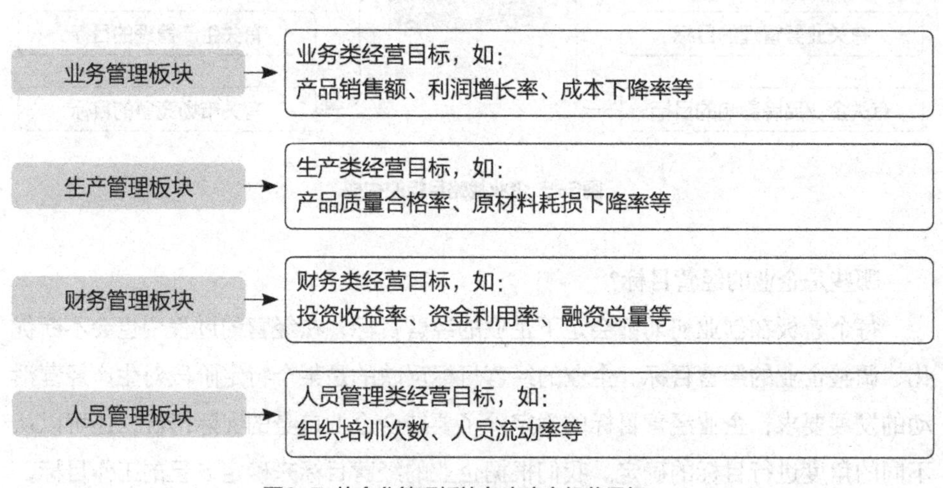

图6-7 从企业管理板块角度确定经营目标

当我们知道了企业的战略目标与经营目标后，接下来要将企业的目标与自己个人的目标做一个结合，实现“1 + 1 > 2”。

实践练习

如何量化企业的经营目标?

做好企业经营目标的量化工作，便于为企业各项经营活动开展提供确切直观的衡量标准，从而对企业各级部门以及员工的日常工作起到导向作用，有效保证员工日常工作与企业经营目标的一致性，进而促使企业经营目标的实现。

在进行企业经营目标的量化工作之前，首先应对企业经营目标进行分解，从而明确企业不同层次部门与员工具体工作目标，同时，便于各部门、各岗位各项工作的安排。下面以图解的形式介绍企业经营目标的分解，如图6-8所示。

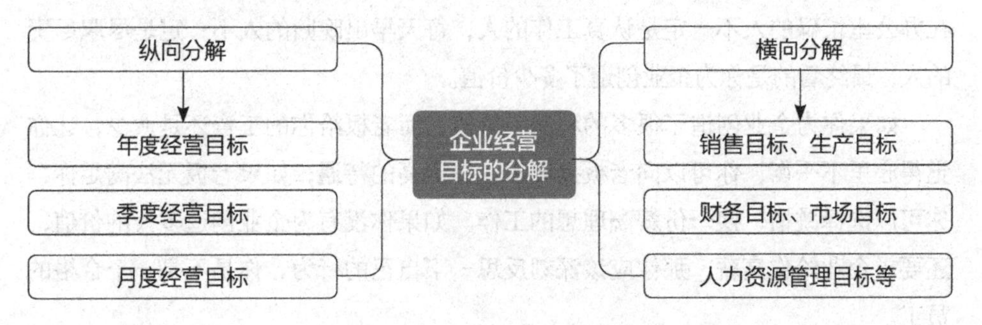

图6-8 企业经营目标的分解

小结

在现代企业中，把企业的目标当成自己的目标的员工并不多，可能因为现在的年轻人往往缺乏安全感。作为企业的基层员工，应该培养自己的归属感，一旦决定入职一家公司，你的利益就和公司的利益绑在了一起，只有公司获利了，你才有高薪的回报，如果公司经营不善破产了，你也将面临失业。

企业的目标就是高层领导的工作目标，作为下属，要想获得领导的信任和赏识，就要琢磨领导的目标。只有把公司的目标、领导的目标当成自己的目标，才更有可能得到领导的重用，为自己的职业发展铺就一条康庄大道。

在上面的知识点中，我们详细了解了企业的战略目标和经营目标，并进行了细分，根据自己所在的岗位，努力去实现这些目标，事业上一定能有一番大作为。

6.2.2 你为企业创造了多少价值

很多人每天朝九晚五地工作，上班、下班、回家，到了发工资的日子，有些人高兴有些人悲伤，一番吐槽之后，继续上班、下班、回家……每天重复着同样的日子，他们的工作很可能是被支配的，是无主观意识的，这样的员工能有多大的创造力？能为企业创造多大的价值呢？要想让他们在工作上突显成效是比较难的，他们大多数人不是在“工作”，只是在职场“混工作”。

这些在职场“混工作”的员工，大多喜欢抱怨公司给的工资太少、工作太累、待遇太差，而领导却常常拿一些优秀的榜样员工和他们相提并论。如果你觉得公司亏待了你，那么请先问问自己：我为企业创造了多少价值？

其实，每个人的价值以及他为公司付出了多少，老板心里都清楚，那些每天在办公室忙碌的人不一定是认真工作的人，每天早出晚归的人不一定是尽职尽责的人，最终看的是你为企业创造了多少价值。

如果你为企业创造了很多的利润、价值，而老板给你的工资还是太少，让你觉得心里不平衡，你可以向老板提要求，提更高的待遇；如果老板无法满足你，你可以选择跳槽，换一份薪酬理想的工作。如果你没有为企业创造多大的价值，还要求企业给你高薪，那你应该深刻反思一下自己的行为，你是不是一个合格的员工。

人们常说商人只会为自己谋取利益，生意场上的每个人都是以营利为目的的，我们工作也是为自己谋取利益以获得生活所需。但我们要明白，获利的前提是我们应该为顾客提供一些价值，这样他们才能给我们想要的利益。

在职场中，从一线员工到企业高管，每个人都是凭借自己的能力为企业创造价值来获取相应的报酬，所以我们要把眼光放在为企业创造的价值上，通过自己的努力为企业增加收益，同时也是在为自己创造财富。

案例

某公司招聘了一位人力资源经理，总经理希望能通过他改善公司目前的人员管理现状：目前大部分员工工作积极性都不高，工作态度消极，业绩也很不理想，再这样下去，公司将面临倒闭的危险。

而这位人力资源经理上任后，只是裁掉了一些业绩差的员工，并招聘了一些新员工入职，公司其他方面并没有得到很好的改善。总经理觉得他的能力无法为企业带来多大的价值，任职3个月后以劝退处理。

随后，公司又招聘了一位人力资源经理入职，他不仅是名牌大学人力资源专业毕业的，还拥有国家一级人力资源管理师资格证，在同行业有8年的人力资源管理工作经验，算是一位有能力的经理了。他对公司现有制度做出了如下改善。

① 通过改善公司的绩效管理制度，用业绩指标和能力指标来考核每一位员工，以此激励员工为企业创造更高的价值。

② 修改了薪酬制度，管理级别的员工按绩效考核结果来定薪酬，基层员工以多劳多得的方式来计算薪酬，公平公正。

③ 建立了公司的培训体系，提升了员工的能力素质，使员工不断进步，不断为企业创建更高的绩效。

④ 考核结果采用淘汰制，经过第一个季度的考核，淘汰了一批混日子的员工，并招聘了一批新员工，为企业融入了新鲜血液，增强了企业的创新性、创造力。

通过以上企业管理制度的改善，以前工作积极性不高的员工开始有工作激情了，态度也更加端正了，公司整体业绩直线上升，这些变化总经理看在眼里，喜在心里，对这位人力资源经理表示非常满意。

后来，这位人力资源经理成了公司的副总经理。

案例解析

上述案例让我们深刻明白，只有为企业创造了价值，才能得到老板的重用，企业有了更好的发展，自己才能有更高的回报。

第一位人力资源经理因为自身无法为企业创造应有的价值，因此3个月后被劝退处理。第二位人力资源经理，因为他在岗位上发挥了自己的价值，通过自己的能力改善了企业人员的现状，增加了企业的绩效和利润，因此得到了总经理的重用，并升职为企业的副总经理，事业步步高升。

小结

在工作中，我们要学会站在老板的立场上去思考问题，每个老板都希望员工能以企业利益为主，首先为企业创造价值然后再考虑个人利益，把企业的事当成自己的事情去做。能做到这样的员工，以后在企业中一定大有前途，以这样的心态来工作也一定能将工作做得更加出色。

所以，我们不要总想着自己能有多少回报，而应该想你能为企业创造多少价值，在工作中多付出一点对我们也没有什么损失，反而能增强自己的工作能力和经验，要想摆脱现有的困境，就要不断地提升自己的职业价值和工作能力，这样才不容易被他人随意取代。

6.2.3 为公司增收，为自己赢得未来

增收是企业的一大痛点，也是企业的命脉，企业是一种经济型组织，追求效益最大化，否则企业无法生存下去就会面临破产的危险。效益是企业的一种投入产出比，任何企业在创立初期都会投入一定的运营资本，这是资本的一些转化形式，这样做的目的是追求更多的利益。

所以，作为公司的一名优秀员工，我们要深刻地明白自己应承担的责任和义务，要努力为公司增收，创造高绩效、高利益，这样我们才能在公司争得一席之地，为自己赢得未来。如果你是老板，你肯定也喜欢一个会赚钱的员工。

案 例

小江是公司的一名基层销售员，通过自己不断地努力，从一个个的小订单开始积累，为公司创造了一定的经济效益，晋升为了公司的销售经理。

这一天，小江又在查询一些以前的小客户资料以及客户对货品的要求和建议，总经理进来看到后，对他的工作行为很不满意，说道："你现在已经是销售经理了，不能再盯着以前的小订单了，得把眼界放高一点，订单得再大一点，才能体现出你的能力和价值。"

小江听了总经理的话，经过深刻反思，第二天上班后，他把一些小订单的工作都交给了下属去完成，而自己把精力都投入到挖掘大客户上。因为小江明白，总经理不仅仅需要自己赚钱，还要自己赚更多的钱，为公司赚大钱，这样才能体现出自己最大的价值。

从此之后，小江所有的精力都放在寻找能为公司带来大利润的客户上，通过他的努力，他为公司赚到了比原来高达几十倍的利润，他的职位也因此又上升了一个层次，被提升为了销售总监。

案例解析

小江明白公司需要的是能赚钱、能创造收益的员工，只有不断地增加公司的利润和效益才能得到总经理的重用，最终他被提升为销售总监。

作为企业的员工，为公司赚钱就是自己的义务，是自己义不容辞的责任，只有不断地为公司增收才能为自己赢得更好的未来。

小结

作为职场新人的我们要明白，如果没有企业的高额收益就不会有我们丰厚的薪水，为公司赚钱、增加公司的收益，表面上看起来是公司受益，其实最终受益的是我们自己，我们可以从工作中学到更多的经验和知识，增强我们自身的能力。

要想在竞争激烈的职场中有所发展就要成为老板器重的人，努力为公司做贡献，成为企业的核心员工。我们必须时刻牢记，我们的义务是为公司赚钱、为公司增加收益。

6.2.4 为企业利益，丢点面子又何妨

工作中什么最重要？当然是责任，责任重于泰山。比如在生产岗位上，任何一位生产人员都肩负着公司产品的一个小环节，任何一个小环节出了问题不及时处理，都可能会给公司造成不可估量的损失。

所以在职场中每个人都要认真对待工作，以企业利益为先，一旦工作中出现了错误，不但要勇于承担，还要及时改正。

案例

小羽是公司的财务，每到月末就是他最忙的时候，公司的业务薪酬要算出来，各部门的员工薪水也要弄清楚。此外，还有公司跟外面的业务往来等，虽然办公室里还有几个同事，但是作为财务负责人，这些都要小羽亲自过目。

又到月末了，小羽正好家里有点急事，回公司的时候已经是下午了，但是工作的责任他没敢忘，虽然事先已经交代过了，但是检查工作还是必要的。他把每一份表格都审查了一遍，还好没发现错误，就在他暗自松了

口气的时候，突然发现给某公司打款的单子上有一个数字有点问题，据他的记忆应该是3万元左右，但是单子上写着30万元。

小羽翻阅了所有跟该公司合作的单据，最后确定是弄错了，当即给对方负责人打电话，解释事情的前因后果，并请对方负责人亲自核对一遍。对方还算是好说话，临近下班时打来电话说是弄错了。但是时间的关系，不可能将多余的钱款给他们汇过去了，除非公司派人拿着相关单据过来取。

换作一般人也可能会等到下月再处理，但是小羽不行，他当即买了晚上的火车票，于第二天早上9点钟到了对方公司，在出示了所有单据证明之后，从对方财务手中拿回了损失的金额，等到赶回公司的时候已经离下班只有两个小时了。他利用这仅有的时间把款项交到财务总部，避免了财务纠纷。

第二天，老总问及此事，小羽一个劲儿说是自己失职，请求公司处罚。老总过问了每一个细节，不仅没处罚他，还表扬了他这种勇于承担责任的精神。毕竟几十万元的款项不是个小数目，对于公司来说，能有意识承担起这样的责任是很不容易的，小羽是个负责任的好员工。

案例解析

通过上述案例我们知道，小羽是一个心细如发、勇于承担责任的好员工，当他发现工作中有张单子将3万元写成了30万元时，赶紧和对方公司沟通，还主动买了火车票赶到对方公司拿回损失的货款，为了企业利益并没有因为所谓的面子而推卸责任，回公司后还主动向老总承认错误，请求公司处罚。公司对于这么负责任的好员工只会更加欣赏和重用，所以表扬了小羽勇于承担责任的精神。

但有些员工不会像小羽这样勇于承担自己的错误，他们还会为了自己所谓的面子推卸责任，或者将问题置之不理，甚至会以为公司不会发现，没有人会察觉。这是最愚蠢的做法，这种员工在企业中也很难有大的发展前景。

小结

在一个公司中，作为基层员工，不要以为出了问题只有老板和管理者才是责任人，每个人都要对自己的行为负责，每个人都是事情的责任人，如果一味推卸责任，后果将不堪设想，连弥补的最佳机会都错过了。

勇于承担责任、承担错误的员工在老板心中才是优秀员工的代表，更能得到老板和同事的信赖和欣赏。一切要以企业利益为重，不要为了自己所谓的面子而做出不理智的行为。

6.3 如何实现与企业的共同成长，打造高绩效

在企业中，企业与员工是什么关系？简单来说，个人助力企业的长远发展，而企业帮助个人成长，企业的发展离不开个人的支持与奉献，两者是互勉互励共进退的关系。我们可以通过不断学习，增强自身能力，实现与企业的共同成长。

6.3.1 多参加企业的培训，跟紧企业的脚步

现代企业的竞争，实际上是人才的竞争，人才的竞争主要在于人力资源的开发，而开发的方式主要在于加强员工的技能培训，提高员工的技能水平，为企业的长远发展培养后备力量。每个企业或多或少都会组织一些员工培训活动，我们要积极参与企业的培训，这样可以增长新的知识和技能，帮助我们跟紧企业的脚步，与企业共同发展。

培训作为企业人力资源管理的重要环节，对企业的可持续发展具有重要意义。科学的企业培训体系有利于提升我们的专业技能，改变我们的认知思维，从而在一定程度上提高我们的工作效率，为企业实现财富积累。

案 例

某电子生产企业的生产车间，小峰一直都是车间业绩的标杆人物，每个月的绩效排名都数一数二，很多同事都羡慕小峰的能干，每个月都可以拿到一笔丰厚的绩效奖金。而这个月，小峰的生产业绩却不是很好。原来老板为了让企业发展得更好，引进了一批新的生产设备，小峰对设备的功

能不熟悉，仅凭着设备的使用说明书还是有很多看不懂的地方，很多操作都要自己一一摸索，因此耽误了很多时间，导致小峰这个月的业绩很不理想。随后小峰向领导反映了这个问题，建议公司举办一次设备技能操作培训，让大家熟悉设备，这样对提高产量很有帮助。

经过调查后，公司通知生产部员工一周后进行设备技能培训，员工可自愿报名参加。这个通知发下来后，有些目光短浅的员工就不愿意参加，而那些有上进心的员工，都积极报名参与公司的培训活动，小峰就是其中一个。

经过设备的技能培训，小峰对设备熟悉了很多，操作也更加顺手了，速度比之前快了一倍，产量比之前高了很多，领导也特别看重小峰，还提升小峰为车间组长，他的工资又跟着提高了一个档次。

案例解析

小峰是一个有上进心的员工，对自我要求也很高，乐于主动学习，在自己知识技能缺乏的时候还主动向公司申请希望公司举办技能培训，以此提高自己的操作技能，跟紧企业的步伐。这种努力、上进的精神值得我们学习。小峰深刻地明白，只有自己的能力跟上企业的脚步，才能让自己的事业有一个更好的发展。

知识放送

参加企业的培训，对我们有什么用？

有效的企业培训可以增强企业的核心竞争力，也能提升我们的知识技能，帮助我们更好地成长，下面介绍参加企业培训对我们的作用，如图6-9所示。

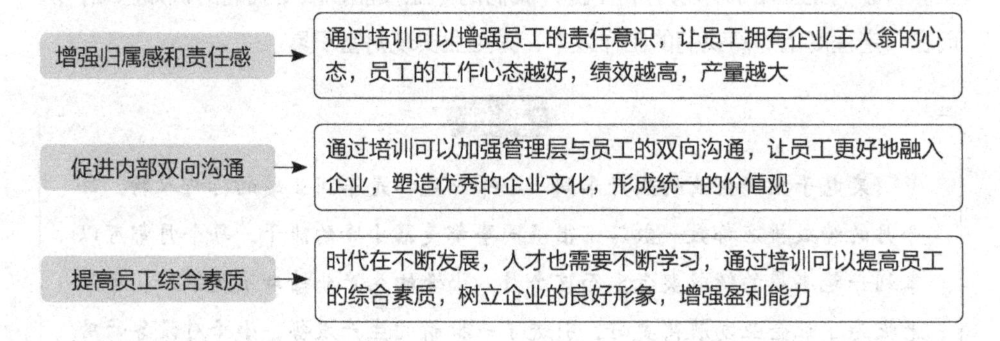

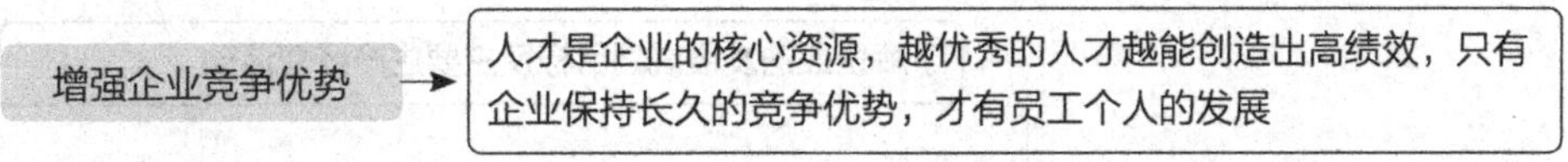

增强企业竞争优势
人才是企业的核心资源，越优秀的人才越能创造出高绩效，只有企业保持长久的竞争优势，才有员工个人的发展

图6-9 参加企业培训的作用

新入职的员工，都有哪些培训项目？

企业培训工作主要分为对新入职员工培训及对企业在职员工的培训两个部分。针对不同培训的对象，相应的培训内容也存在差异。

企业培训组织者在对新入职员工进行培训时，主要侧重于新员工对企业文化及相关规章制度的深入了解，帮助其尽快融入公司。新入职员工通过了解任职岗位的职责要求，明确自己应具备的专业知识及技能。

新员工培训主要分为新员工入职军训、企业文化培训、企业管理制度培训、人际沟通技巧培训、安全知识培训、职业礼仪培训6个方面。

（1）新员工入职军训

新员工入职军训一般是指由企业管理者组织新入职员工到当地部队进行为期一星期或半个月的军事体能训练活动。下面介绍参加新员工入职军训的主要内容，如图6-10所示。

新员工入职军训
学习军事知识，锻炼员工的身体机能和耐力
促进学员间的团结协作，增强员工的团队意识
培养员工吃苦耐劳、踏实肯干的工作作风及态度

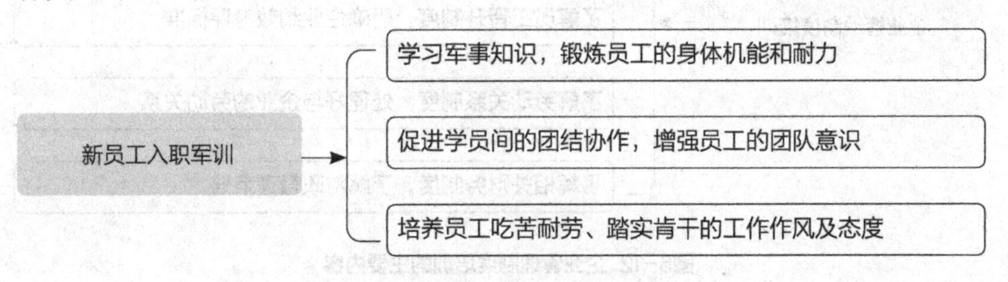

图6-10 新员工入职军训的主要内容

（2）企业文化培训

企业文化是一个企业得以发展的内在灵魂，体现了企业管理者的管理理念，反映了企业整体的发展潜在动力。新员工学习企业文化有助于更好更快地融入该企业，下面介绍企业文化培训的内容，如图6-11所示。

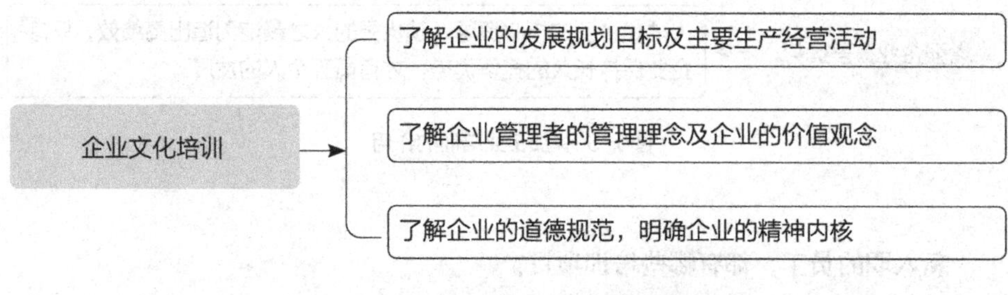

图6-11 企业文化培训的主要内容

（3）企业管理制度培训

企业管理制度是企业管理工作得以有序进行的重要制度保证。新入职员工通过企业人力资源部门工作人员以集中授课的方式了解企业的管理制度，从而对企业管理模式有了初步了解，有效地规范了日常行为。

下面介绍企业管理制度培训的主要内容，如图6-12所示。

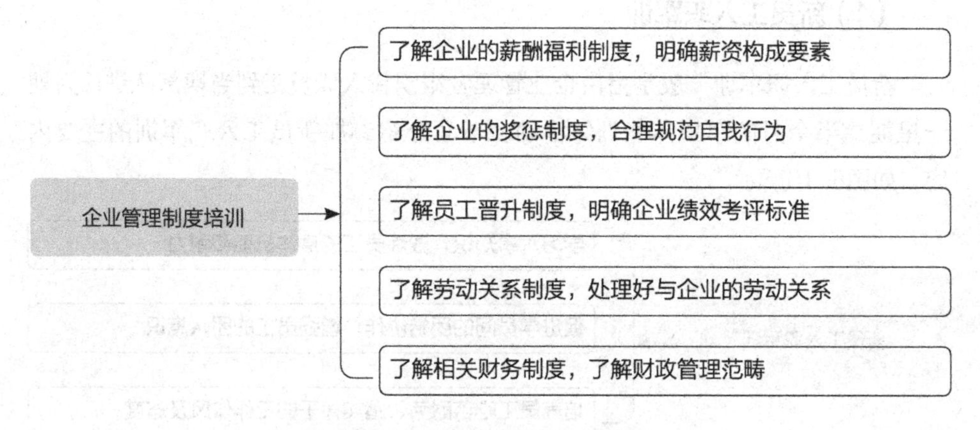

图6-12 企业管理制度培训的主要内容

（4）人际沟通技巧培训

人际沟通技巧培训是企业人力资源部工作人员以集中授课的形式，通常利用4~5个课时对新员工人际沟通的技巧进行集中培训。下面介绍人际沟通技巧培训的主要内容，如图6-13所示。

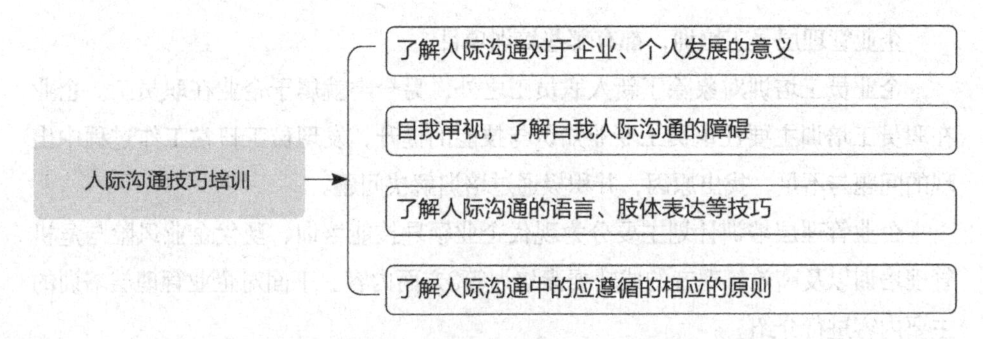

图6-13 人际沟通技巧培训的主要内容

（5）安全知识培训

安全知识培训是指企业人力资源部工作人员通过集中授课的方式，通常在2~4个课时内对新员工进行安全知识有关的培训。下面介绍安全知识培训的主要内容，如图6-14所示。

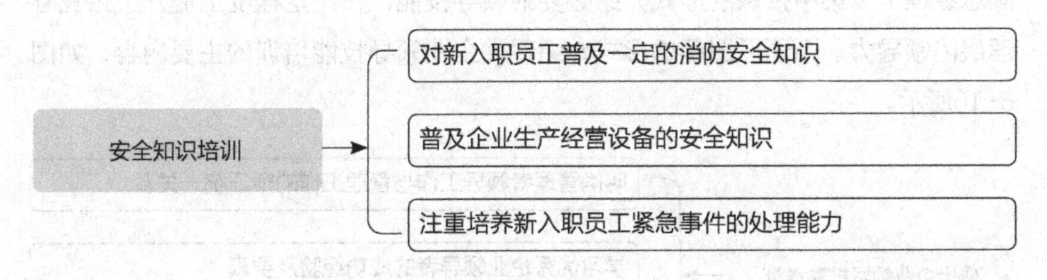

图6-14 安全知识培训的主要内容

（6）职业礼仪培训

职业礼仪培训由企业人力资源部的工作人员，对新入职员工以集中授课的形式，一般通过2~3个课时，使其了解在日常工作过程中应注意的职业礼仪文化。下面介绍职业礼仪培训的主要内容，如图6-15所示。

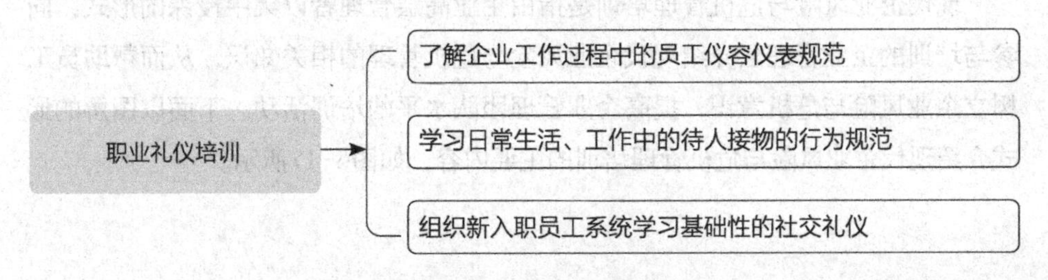

图6-15 职业礼仪培训的主要内容

企业管理层员工培训，都有哪些培训项目？

企业员工培训对象除了新入职员工之外，另一类就属于企业在职员工。企业在职员工培训主要注重员工专业知识与技能的提升，发现员工日常工作过程中出现的问题与不足，找出原因，并积极通过培训解决问题。

企业管理层培训计划主要分为现代企业领导技能培训、现代企业风险与危机管理培训以及高效管理者的成功要素培训等3方面内容。下面对企业管理层培训的主要内容进行介绍。

（1）现代企业领导技能培训

现代企业管理者在进行企业管理的过程中，应树立正确的领导理念，选择科学的管理方法，从而保证企业管理工作高效有序进行。企业培训者在对企业管理层培训计划中设置现代企业领导技能培训，通过企业高层管理者（如总经理、副总经理）以集中授课的形式介绍必要的领导技能，在一定程度上提升了企业管理层的领导力。下面以图解的形式介绍现代企业领导技能培训的主要内容，如图6-16所示。

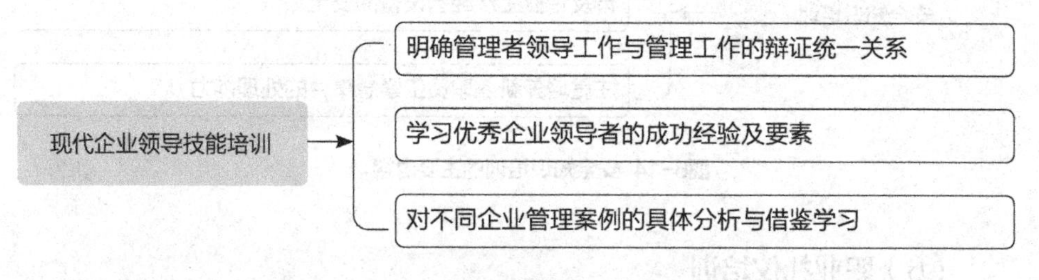

图6-16 现代企业领导技能培训的主要内容

（2）现代企业风险与危机管理培训

现代企业风险与危机管理培训是指由企业高层管理者以集中授课的形式，向参与培训的企业管理层介绍现代企业风险与危机管理的相关知识，从而帮助员工树立企业风险与危机意识，提高企业管理团队水平的培训活动。下面以图解的形式介绍现代企业风险与危机管理培训的主要内容，如图6-17所示。

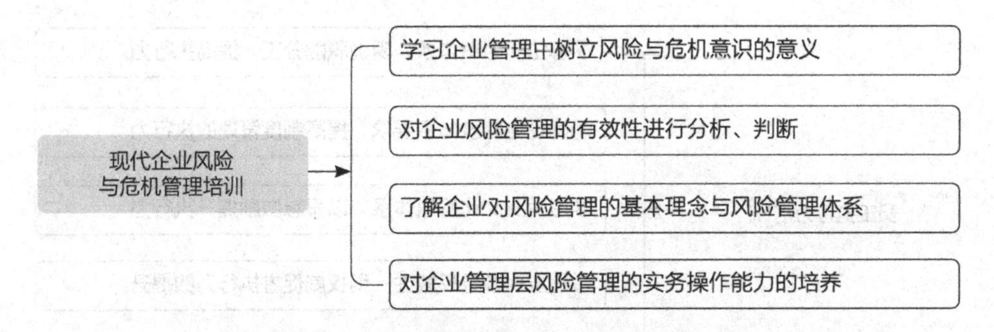

图6-17 现代企业风险与危机管理培训的主要内容

（3）高效管理者的成功要素培训

企业管理者组织管理层培训的主要目的是提高企业内部管理人员的管理水平，组建一支高效的企业管理队伍，以便促进企业发展规划目标以及生产经营活动目标的实现。

企业高层管理者以集中授课的形式介绍一个成功的管理者自身应当具备的因素，有利于员工对自我的准确定位以及自我价值的实现。

成功者总是相似的，大概是因为他们身上总是拥有主动出击、目标明确、合作双赢、终生学习等这些成功的要素。

企业基层员工培训，都有哪些培训项目？

基层员工的培训比较注重员工的执行力、问题解决能力等实际运用能力的培训。基层员工培训的内容主要分为员工执行力培训、员工思维认知培训、员工沟通技巧培训以及员工心理疏导培训等。下面对基层员工培训内容的相关知识进行介绍。

（1）员工执行力培训

企业员工的执行力决定着一个企业的核心竞争力。一个员工执行力强的企业将更容易在市场竞争中占据优势，获取更大的利润空间。下面介绍员工执行力培训的主要内容，如图6-18所示。

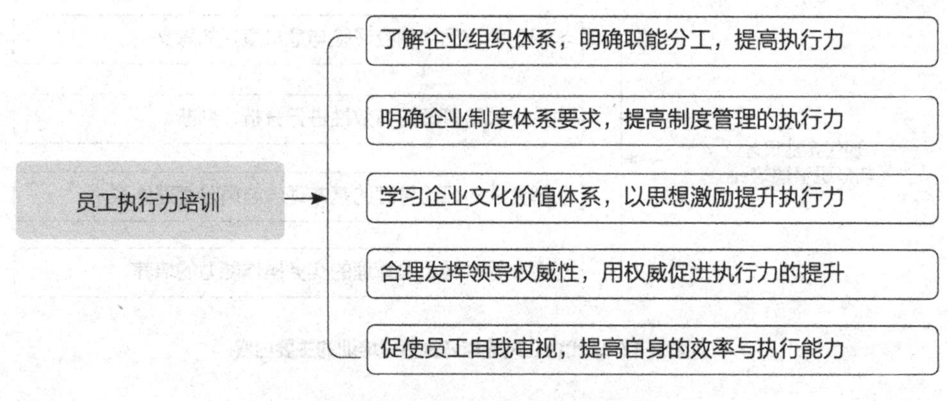

图6-18 员工执行力培训的主要内容

（2）员工思维认知培训

一个企业的创新能力对企业的可持续发展具有重要意义，企业员工思维认知培训的主要目的就是激发员工的创新思维，使得员工在实际工作过程中学会运用创新思维解决问题。员工思维认知培训一般是由企业人力资源培训专员以集中授课的形式进行。下面介绍员工思维认知培训的主要内容，如图6-19所示。

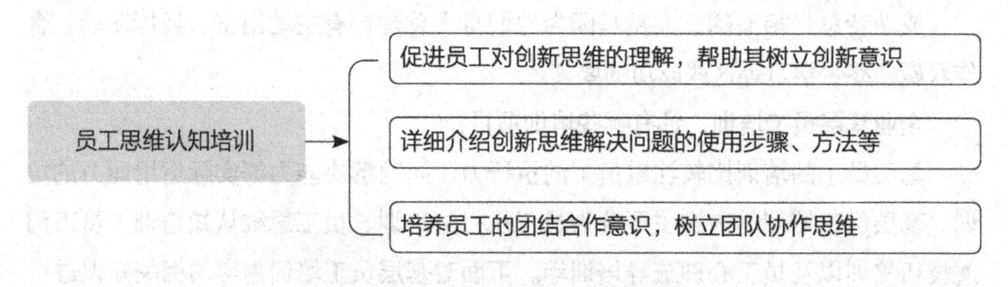

图6-19 员工思维认知培训的主要内容

（3）员工沟通技巧培训

员工沟通技巧培训是企业培训过程中的重要环节，良好的沟通能力在一定程度上提升了企业的软实力，为企业在市场竞争中提供优势。对员工沟通技巧的培训一般由企业人力资源部培训专员以集中授课的形式进行。下面介绍员工沟通技巧培训的主要内容，如图6-20所示。

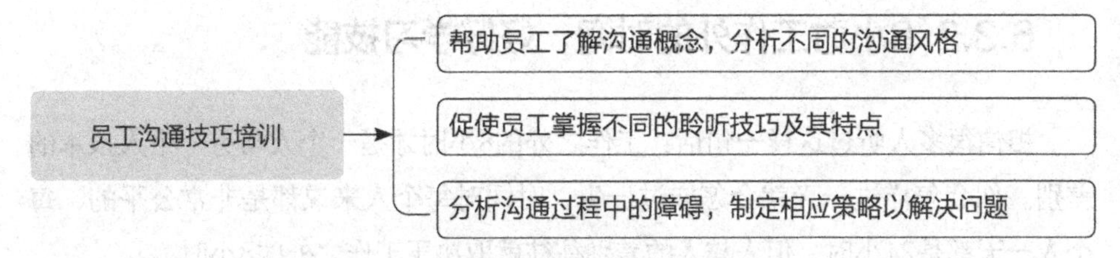

图6-20 员工沟通技巧培训的主要内容

（4）员工心理疏导培训

企业基层员工的心理疏导培训一般是由企业人力资源部培训专员主持，以集中授课的形式，帮助基层员工了解相关心理知识，学会对自我情绪进行调节。下面介绍员工心理疏导培训的主要内容，如图6-21所示。

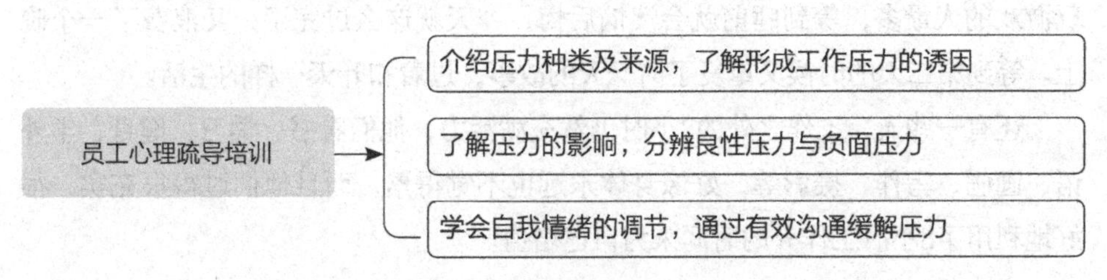

图6-21 员工心理疏导培训的主要内容

小结

企业为了自身的长远发展会对不同层次的员工进行培训，有新员工培训、基层员工培训、管理层员工培训等。图6-22所示为笔者给企业组织的员工培训活动。我们要多多参加企业组织的这些培训活动，增强自身的能力与眼界，这样才能为企业创造更高的绩效和利润，与企业共同成长。

图6-22 某企业组织的员工培训现场

6.3.2 8小时工作外的时间，好好学习技能

相信很多人听过这样一句话：工作之外的8小时才是一个人与另一个人根本的差别。你会怎样过一天就会怎样过一生，时间对每个人来说都是非常公平的，每个人一天都是24小时，但人与人的差别往往就取决于工作之外的8小时。

时间很宝贵，别随便浪费，正所谓“8小时之内谋生存，8小时之外求发展”。工作时间内的8小时，决定了你能赚多少钱；而工作时间外的8小时，决定了你能拥有什么样的生活质量。你的8小时都是怎样度过的呢？

对很多人来说，上班时间的8小时已经很辛苦了，有些人下了班什么也不想干，回到家只想躺着休息，缓解一天的疲惫。一般躺在沙发上看电视、玩手机、玩游戏的人最多，等到睡前就会懊恼后悔：今天就这么过完了，又浪费了一个晚上。等到第二天的时候又重复了前一天的故事，过着和昨天一样的生活。

还有一些人，工作之外的8小时仍然充满活力，他们看书、学习、健身、学外语、画画、写作、摄影等，好像身体永远也不觉得累，而且他们过得很充实，很好地利用了8小时工作外的时间来为自己增值。

案 例

小娇刚毕业进公司工作时，什么技能都不会，还只是一个前台文员，每天的工作就是整理办公室的文件，组织一些会议活动等。

但小娇不满足于现状，她不希望自己只是一个前台文员，所以工作时间内，小娇按时按质按量完成了领导交办的任务，工作时间以外还报了培训班，学习英语，小娇还在图书馆借了很多行政管理、人力资源管理的书回家学习。

经过两年的努力，小娇已经能说出一口流利的英语了，对企业人力资源管理方面也学习了一些，老板把她调到了人力资源部，从专员开始做起。小娇平常在办公室总向一些前辈请教，不仅认真完成了领导交办的工作，工作之余还在继续学习人力资源管理的知识和技能，还报考了国家职业资格认证——人力资源管理师二级。

这都是小娇利用工作之余的时间努力学习的结果。现在，小娇已经是人力资源部的经理了。现在拥有的这一切都是小娇自己一步一步积累出来的。

案例解析

工作时间内的8小时每个人都一样，做着相似的事干着相似的活，很难看出谁比谁优秀。而工作时间以外的8小时，有的人在玩手机，有的人在逛街，有的人在陪家人，而有的人在继续学习深造，人与人最大的区别往往来自工作时间以外的8小时。

上述案例告诉我们，好好利用工作8小时以外的时间可以为我们的增值，扩展我们事业的宽度和深度，让自己成长得更加优秀。

知识放送

我们应该如何利用好工作外的8小时？

上班族中的有些人可能会感慨：我连晚上3个小时的自我增值时间都很难拿出来，8小时简直是不可能。

在职场中，工作会帮助我们成长，会使我们积累很多的职场经验，如果我们希望自己能与时俱进，能拓展自己的爱好，就要利用工作外的8小时来学习，比如学英语、学摄影、学画画等。

有的人利用这8小时来健身、运动、养花，陶冶情操和生活情趣，有的人利用这8小时来看书考证、报培训班学习，强化自己的综合能力，提升职场的竞争优势。

所以，如何利用好工作外的8小时就显得十分重要，这不仅决定了你的生活品质，还能为你的工作保驾护航，下面介绍相关方法，如图6-23所示。

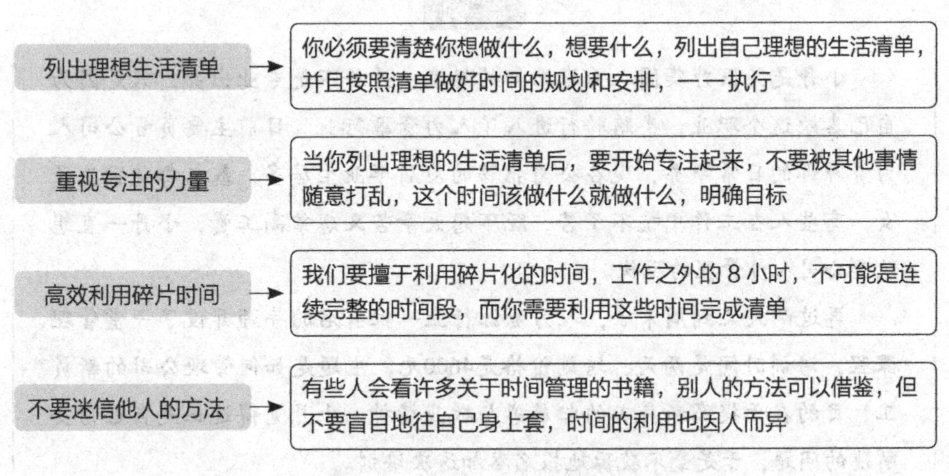

图6-23 利用好工作外的8小时的方法

6.3.3 周末镀金，利用周末参加外部培训

一周7天，工作时间通常是5天，还有2天的休息时间。一周2天，一个月8天，一年有将近100天。如果你8小时工作日之外的时间没有利用好，那么可以好好利用周末的时间为自己镀金。

每个城市都有很多培训机构，经常会组织各种专业技能的培训，有一些培训老师也会开设一些专业的培训课程组织学员一起学习，图6-24所示为某培训机构组织的培训活动现场。如果课程能满足我们的需求，不妨多参加一些这样的培训，可以提升自己的专业能力。

图6-24 某培训机构组织的培训活动现场

案 例

小丹是某医疗集团人力资源部的经理，她并不是专业出身，只是因为自己喜欢这个职业，半路转行进入了人力资源行业。目前主要负责公司人力资源部的日常事务，现在公司招聘的应届毕业生居多，基本都是独生子女，有些人在工作中吃不了苦，既不想太辛苦又想拿高工资，小丹一直想改变公司人员管理的现状。

再过两天又到周末了，人力资源行业一位有名的导师开设了一堂管理课程，培训时间是两天，培训价格是4600元，主题是如何管理公司的新员工，目的在于提高新员工的归属感与敬业精神。小丹觉得这正是自己需要解决的问题，于是毫不犹豫地报名参加这次培训。

为期两天的培训时间结束后，小丹回到公司，将培训中学到的经验和知识一一在公司中实践。两个月后，公司整体员工的工作状态得到了有效改善，公司这两个月的业绩也上升了10%，人员稳定性比之前也好多了，董事长还在公司高层会议上表扬了小丹，并升了小丹为人力资源总监，薪资比原来上涨了1倍。

案例解析

通过上述案例我们知道，小丹热爱学习，利用周末的时间为自己镀金，提高自己的能力，回公司后既解决了企业运营中的难题，又使自己的职业达到了新的高度，得到了公司领导的一致认可，不仅职位上升了，工资也加了不少。这个案例很形象地说明了自己与企业的共同成长、共同进步。

小结

眼光长远，有上进心的职场人士往往都会利用周末的时间做一些对自己有意义的事情，比如学习一项新技能，或者参加一个外部培训班，或者提升学历如自考本科、MBA等。这些都可以提升自身能力，让自己能更好地为企业服务，同时也能提升自己职业的高度。努力的人的未来一定很精彩。

6.3.4 将成功经验分享给同事，一起成长

每一个企业都有一些顶尖的优秀人才，每一个员工在工作中都有自己独到的见解和经验，我们要把自己成功的经验多与同事分享，让大家一起成长、共同进步，一群优秀的员工可以组建出一个优秀的团队。所以，我们在职场中要擅长分享、勇于分享，要有无私奉献的可贵精神品质。

在职场中，我们可以通过以下几种方式将自己的经验分享给同事。

① 将从事相同工作内容的同事组织到一起，分享经验。

② 以会议的形式，将公司人员组织到一起，开设一场经验分享会议。

③ 将自己的经验，编写成材料，分发到每一位同事的手上，自行阅读。

案例

小庭毕业后，应聘上了某化工企业的研发岗位，成为一名普通的研发人员，虽然工作经验不多，但他非常热情，也乐于助人，因此人缘非常不错。小庭善于总结，每次工作中有什么研发经验，他都会写在本子上，经常和身边的同事分享，一起交流工作心得。

两年后，小庭升职为研发主管，分享经验的这个习惯还一直保留着，每周都有部门碰头会议，主要用来分享、总结经验以及帮助其他同事解决工作中的难题。小庭通过自己的经验帮助了很多同事，让大家和自己一起成长，也提高了公司整体的工作绩效和业绩。

后来，公司在不同的地区开设了子公司，特邀请小庭为各地区的研发人员培训相关研发技术，他成了公司的内聘讲师。

案例解析

小庭是一个乐于分享的人，帮助他人成长就是帮助自己成长，也间接地帮助企业成长。当优秀的人越来越多，企业的发展也会越来越好，因为这是一个人才竞争的时代，企业拥有高技能的人才，就等于拥有了一个强大的未来。

所以，我们要向小庭学习，工作中不要太过保留，要乐于与同事分享经验，和大家一起成长，和企业共同进步。

小结

在工作中，我们要想提升自己的能力，仅靠盲目工作是没有用的，我们要不断总结经验，不断让自己进步。

经常与同事分享经验也能展现出自己在工作中独到的见解，用能力去证明自己的优秀，只有不断积累才能不断提高，将自己的经验分享给大家，也好给大家一个提醒，避免走弯路。

6.3.5 打造狼一样的性格，扫除一切障碍

狼性指的是一种团队精神，用来强调团队成员的一种拼搏精神，一种不断创

新的精神。狼一直奉行着严格的优胜劣汰的规则，集体的危机意识非常强，从而在有限的资源和劣势环境下，不断突破自我，谋求生存和发展。

狼的性格有多种特点，狼性文化是指将狼的部分性格特点运用到事业上，它是一种新兴先进的企业文化。

一个团队要想发展得更好，没有狼性文化精神往往是不行的，如今是一个竞争的时代，只有在竞争中才能推动社会经济的不断发展，如果一个企业没有狼性文化，那么在残酷的行业竞争中可能会一败涂地。

因此，我们要推崇狼性文化，将团队打造成狼一样的性格，在工作中不管遇到任何困难，都要有扫除一切障碍的勇气，在事业的道路上奋力拼搏。

知识放送

狼的这些性格特点，你了解多少？

下面介绍狼的多种性格特点，看看你的团队有没有这些特点，如图6-25所示。

凶残	狼在对待猎物的时候，一般都比较凶残，但它不主动袭击人类
合作	狼是群居动物，每一匹狼都有承担团队责任的义务，相互配合
团结	狼与狼之间的默契度极高，他们能依靠团队力量完成任何事情
耐力	狼有敏锐的观察力，锲而不舍的精神使狼总能达到自己的目标
执着	狼有着坚定不移的坚持精神，它们的态度单纯，盯着目标不放
拼搏	狼是地球上生命力最顽强的动物之一，它们勇往直前不怕困难
和谐共生	狼与自然界一直保持着和谐共生的关系，从不参与无谓的纷争
忠诚	狼的忠诚度极高，对于帮助过自己的动物，可以以命来报答

图6-25 狼的多种性格特点

实践练习

在企业中如何打造狼性团队？

随着社会经济的不断发展和变化，企业面对着严峻的市场环境和外部竞争，各方面的压力都极大，只有提高团队和人才的竞争力，打造一只狼性团队，才能让企业发展得更好。下面我们来了解一下如何打造狼性团队，塑造团队的力量，从而向这方面多努力，如图6-26所示。

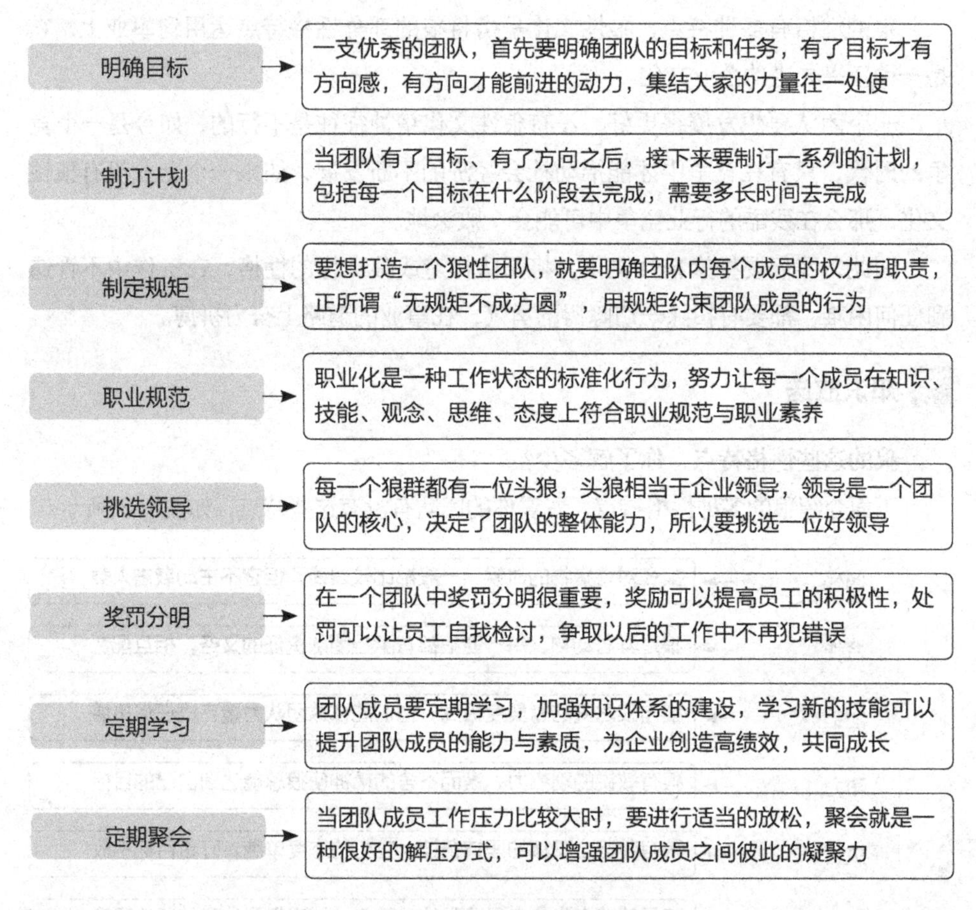

图6-26 打造狼性团队的方法

小结

狼很少单独出没，总是团队作战，狼性文化是一种带有野性的拼搏精神，对事业要有“贪性”，才能永无止境地去拼搏、探索，扫除一切障碍。在现代企业中团队精神越来越被重视，这是企业尊崇狼性文化的一个缘由。